U0067805

別說不行，試試睪固酮！

婦產科名醫解碼
中年過後男人的性危機

愛麗生醫療集團院長
潘俊亨醫師——著

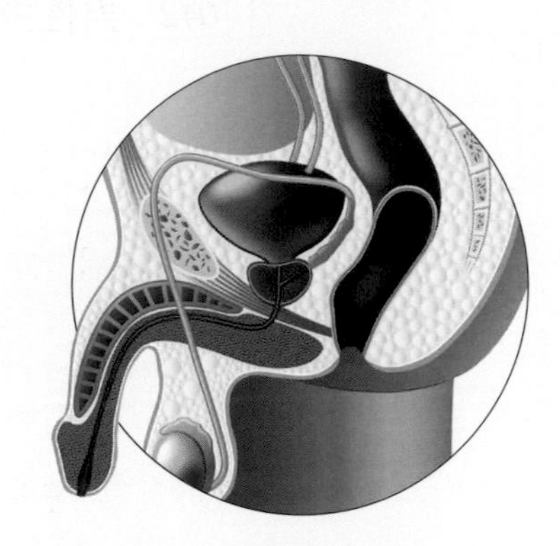

第一篇 性生理

CH3 男性更年期 039

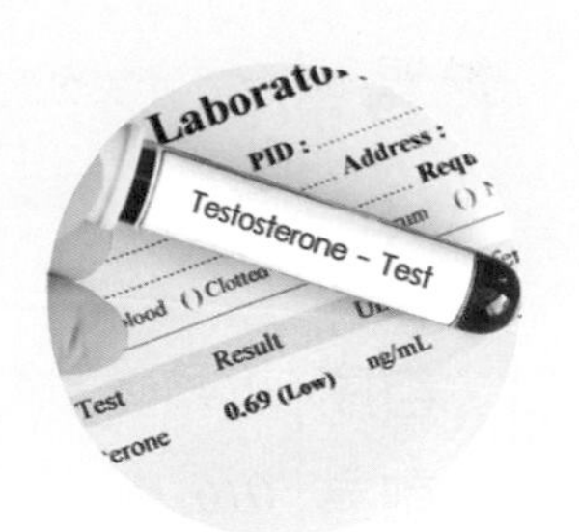

CH4 男性更年期常見疾病 044

第二篇 睪固酮

CH10 中年大叔的狂野性愛 207

推薦序一

細細琢磨，重振雄風

時間飛快，今年已是威而鋼上市23年，民國87年3月27日美國食品暨藥物管理局批准了第一個治療男性勃起的藥物威而鋼，這顆藍色小藥丸的問世改變了普羅大眾對性的看法。現代醫療講求的是實證醫學，當時參加威而鋼第三期臨床研究時為隨機雙盲研究，醫師及參加個案甚至藥師都不知道服用的藥物是威而鋼或安慰劑，結果顯示威而鋼組有將近八成的效果，而安慰劑組也有三成效果，顛覆了大家的思維，也落實了心因性障礙在勃起的角色。

另外一個早發性射精障礙必利勁的臨床研究更直接將碼錶交給性伴侶，在開始陰道性交時按下計時，而不是由男方計時，以減少主觀影響，結果顯示必利勁對早洩者可延長三倍射精時間。

這些設計良好、經典的臨床研究及這些藥物的問世，促進了性學的發展。在以往大家有性的問題都不敢找醫師而是先嘗試各種偏方，看診時常顧左右而言他，問診結束藥開好起身要離開時才支支吾吾的說出性的問題；現在則整個改觀，如今是網路爆炸時代，任何訊息在網路都可輕鬆找到，診間常見女方帶著伴侶一起來尋求協助，直接挑明並指名要哪種治療。

男性性功能包括性慾、勃起及射精，需要各器官系統充分協調運作，勃起基本上是一個陰莖海綿體血管充血現象，由神經訊號扣下扳機，但只有在適當的荷爾蒙環境及恰當的心態配合下才能完成一場精采的演出。任一環節出錯，都會造成演出走樣。人是感情動物，當你有一次挫折，下一次做愛時便會想起上次經驗而影響勃起，形成惡性循環，這時應該尋求醫師或專家協助，找出原因、對症下藥，與伴侶對談，反覆雕琢，才能重振雄風。

男性功能障礙發生的機率隨著年齡及慢性病增加而增加，台灣勃起功能障礙諮詢暨訓練委員會在民國93年針對40～70歲男性調查，發現17.7%有勃起功能障礙（40～49歲8.2%，50～50歲17.9%，60～69歲27.2%）。男性更年期睪固酮低下會影響到許多器官功能，也是造成勃起功能障礙的原因之一；國內曾針對40歲以上免費參與健康檢查的男性做研究，發現睪固酮低下的盛行率約12%。

性愛受到年齡、健康狀況及性別影響，男性較女性有較活躍的性生活，在歐美的一個研究顯示，75～85歲時39%男性及17%女性仍有性生活。另一項針對65歲以上民眾的研究發現，有配偶的個案一半仍保持性生活，沒有配偶的男性有13.7%性生活仍是活躍的，但女性只有1.3%有性生活。

反觀國內，由於國人較為保守，對性不敢明講，常常聽到「我年紀大了，性不重要了」的話語，但在現實生活則會去找更多偏方及地下管道來解決他們的問題，台北萬華的阿公店或茶室則是這樣的產物，從聊天、喝茶、唱歌到各種人與人的連結，提醒了我們更應重視中老年人的性，更需要跟他們主動且有耐性的談論性及各種治療，甚至擴充到如何保護性行為的安全。

潘醫師是婦產科醫師，對男女性功能鑽研甚深，有諸多著作，這本書針對中年男性的性危機，從解剖、生理、病理、藥理切入臨床診斷及治療，更舉出坊間廣為談論的議題及古今中外的人物事蹟，讓讀者進一步自省、自察。但書中有些議題如換妻，或有違社會倫常，每個人可能有不同看法，須嚴肅討論。

如同潘醫師所提「大腦是最大的性器官」，性議題早已是現代人普遍認同的知識，無須避諱，最重要的是當你（妳）起心動念，你（妳）就為自己開啟了一扇窗。

吳錫金醫師

（中國醫藥大學泌尿科教授）

推薦序二

初次遇見潘院長這位大學長是經過一位泌尿科前輩的介紹。站在愛麗生婦產科診所外面，第一個想法是——是怎樣的醫術可以成就如此全方位的診所。與潘醫師交談，他的幽默風趣與將艱深醫療用語以平實白話文轉譯給民眾的功力，著實令人印象深刻。深交之後才更發現，潘院長在醫務繁忙之餘也醉心書籍寫作。院長利用書籍，將知識傳播給大眾，讓民眾在看診之外，也能獲得醫學知識來保護自己免於疾病的恐懼。

「照顧病患也要照顧病患家人」是院長常掛在嘴邊的一句話，因此，我們開始討論與交流成年男性從女性角度所看到的問題。舉凡男性更年期症候群、攝護腺肥大症狀與治療、性功能障礙等都是我們討論的話題，不同的角度所看到的問題還真有所不同。

男性性功能與性慾一般會隨著年紀增長而下降，排尿功能也會隨著攝護腺肥大而變差；相反的，女性性功能與性慾則隨著性經驗的累積而增強，所以才會有「男人40歲剩一張嘴」、「女人30如狼，40如虎」的說法。要如何克服這樣的生理差異呢？那就請翻開這本書，且讓潘院長從陰莖的生理結構開始講起，然後慢慢替您解惑！

劉明哲

（台北醫學院泌尿科主治醫師）

推薦序三

我與潘醫師相識、相交迄今已20餘年，長期以來，我們各自在自己的專業領域努力，他具醫師專業，而我則是具有法律專業，二人間的專業各有擅長，看似沒啥交集，其實，又有很多接觸機會。畢竟人是吃五穀雜糧，誰能不生病？所以都要有「醫師」朋友幫忙；潘醫師開業看診，為人看病也可能遇到一些法律問題，需要做一些「法律諮詢」，所以也要有「律師」朋友幫忙；於是，我們的情誼就藉著彼此「專業」相互支援之下建立起來了。

潘醫師執業已30多年，不管醫術、醫德及口碑俱佳，而我個人偶而有些醫療或健康相關的疑問，也會向他請教。記得有一次我向他詢問關於「男性更年期」的問題，潘醫師真是經驗豐富，他立刻建議說男人一旦進入這個階段即需要補充「睪固酮」，無形中也讓我增長了這方面知識。

潘醫師給我的分析意見，我轉達給我的朋友，對我的朋友也有極大幫助；日前，欣聞潘醫師要將「睪固酮」的應用編著成書，還邀我作序，我十分高興，也希望能藉由此書的出版，幫助更多人能針對解除男性更年期的困擾增進醫學知識。

潘醫師的專業還不只是「醫療」，近年，他密集出書，除了「婦科」、「產科」專業，也寫了不少關於「性愛情趣」的書，而且據說銷售火爆，日後有幸賞閱，才知道這些書為什麼會熱銷的原因；因為書中不僅呈現專業、知識，甚至還有兩性情慾的深刻描述。

至於目前我所推薦的這本新書《別說不行，試試睪固酮！——婦產科名醫解碼中年過後男人的性危機》，潘醫師依然延續前幾本書的脈絡，但是更專注於「中年男性」的身心健康，除了解析男性的性生理，也以專篇詳細解讀睪固酮對男性生理及心理的必要及作用。

書中也提到「性慾」的種種均起源於「大腦」，可以說「大腦」就是人體內最大的性器官，潘醫師並以諸多故事、案例呈現男性性功能障礙的解方，說明滿足男人性慾這件事，即使有再好的醫師，還是需要「人助自助」。

潘醫師這本寫給困惑中年男人的新作，我有機會先睹為快，特撰此序，祝這本書能獲讀者青睞！

李永然律師

（永然聯合法律事務所所長兼永然法律基金會董事長）

自序

國內泌尿科權威吳錫金教授說：「大腦是人體最大的性器官」，這應該很顛覆許多人的想像吧！

男人下半身的幸福其實由兩個因素決定：一是健康的身體，一是性的滿足。這兩項都和體內的睪固酮息息相關。可惜的是大多數男人對睪固酮缺乏認識，他們認為睪固酮只和性能力有關，殊不知睪固酮在身體健康也扮演極重要的角色，它不但和高血壓、糖尿病、高血脂有關，也和肌少症有關。

男人對於性的慾望終身不會熄滅，也永遠不會滿足，它像靜止在樹叢裡的蝴蝶，用手一揮便群起飛舞。男人即使生理已經衰老，但性慾望的心靈仍然像18歲的青年，猶如乾燥的木柴碰上濕濕的汽油，一經點燃便起熊熊烈焰。男人對性、對女人的慾望永遠不會死心，如果性慾不能得到適當的滿足或是抒發，男人的人生只存在一半的幸福感，這是無法逃避，必須面對的現實。

這本書的內容除了講述健康相關的醫學知識之外，也用了相當多的篇幅討論中老年人的性問題，熟齡男性除了少數人可以隨心所欲，多數人都會面臨心有餘而力不足的情況，可能是生理問題，也可能是配偶之間已失去吸引力，又苦於缺乏異性機緣。

性慾的抒解長期困擾著男人，這不但是個人也是家庭的問題，本書特別找出目前解決性問題的各種方式，當然不可能都適合自己，因為男女之間的關係是相當錯綜複雜的，包含佔有、嫉妒、寬容等迭宕起伏的狀況隨時都可能出現，使得如開放式婚姻雖屢屢有人嘗試，且不管男女初時都會充滿期待而躍躍欲試，但都很難成為常態，大多數人終究還是選擇回歸家庭的性生活！

多數夫妻在中年以後性事均呈現半休止狀態，時間久了，以為要將蒙上一層灰燼的材堆重新點燃是一件難事，其實不然，只要夫妻皆有心，稍稍改變互動的方式，要重起熱灶並非難事，而且也很可能因此重溫暖暖的戀情，把多年來積累的怨懟一筆勾消，重新開啟幸福快樂的下半生。所以我特別在內容提及熟齡夫妻可以參考的做愛方式，這個想法部分得自《失樂園》一書的作者、也是醫師渡邊淳一的啟發，也藉此序文向已逝的情慾書寫大師致敬。

前言

門診時，常有女性患者問我，「我先生年紀也不大，為什麼床事總是提不起勁，我才40多歲，怎麼辦？」針對這種情況，我會請患者的先生去做一下血中睪固酮濃度檢測，如果確診為睪固酮濃度低下，通常只要打一針睪固酮，男人很快就能生龍活虎。

要讓身體產生性興奮，有一種不能缺少的物質就是睪固酮，可以說它就是慾望之火的燃料，無論出於什麼原因，如果身體裡的睪固酮濃度不足，男性就會出現勃起功能障礙和缺乏性慾的情形，而且不只是與性慾相關，缺乏睪固酮還會造成肥胖及提高罹患心血管疾病的風險，也因為男性常在步入中年以後面臨睪固酮濃度不足的問題，因此，這些相關症狀被統稱為「男性更年期」。

為了這個糾結男性幾千年、多少帝王將相尋尋覓覓欲解開謎團的生理大事，人類不知耗費了多少精力想要找到解方，可謂是上窮碧落下黃泉，而歷經千載的追尋，終於在20世紀睪固酮被現代醫學成功解碼，並在21世紀的今日被充分應用在治療男性性功能障礙上，使無數男人如獲得新生。對於這項成果，如果古代英雄豪傑地下有知，不知願意用多少戰功、權勢來交換這一點點的「睪固酮」。

雖然醫學上將睪固酮缺乏定義為「男性更年期」，那是不是只有年紀大了才會出現睪固酮濃度低下的問題？當然不是，年輕人也可能會有這些問題，影響所及可能是工作效率降低、對生活充滿灰色思想，更甚者可能造成不孕。

其次，睪固酮既與男性性慾有著密不可分的關係，那老年男性如果有睪固酮低下的問題是不是可以忽略不管？那就更是錯誤了，睪固酮不只與性慾有關，也與健康有著許多聯繫，包括骨質密度、肌肉生長、心血管健康等，都不能離開睪固酮。

以前勸慰老人對於銀髮生涯要懷抱夢想，不要總覺得自己已是人生遲暮，說「人生70才開始」，我要對這句話重新定義。由於人類平均壽命延長，65歲退休後通常還有20～30年的人生，如果這麼長的時間只是用在旅遊加含飴弄孫未免可惜，要知道，性趣是男人一生的志業，怎麼能不趁著退休後的大好時光，把以往忙於工作而忽略的性愛享受補上，好好享受人生呢！

也要提醒女性朋友，如果先生有性慾低下或勃起功能障礙的困擾，務必請他確認是否是睪固酮低下的問題，畢竟性愛情趣是兩個人的事，當出現性交不適，女性不只應該求醫找出自己性功能障礙的問題，也必須認知，有時陰道的不適症狀與男性勃起不完全也有關係，只有把相關的問題都排除了，才能創造和諧美好的性生活。

最後還有一點要說明，由於性慾的種種均起源於大腦，可以說大腦就是人體最大的性器官，儘管你把身體要素都準備好了，但你不去把大腦的性愛開關打開也無法點燃激情，只有當大腦想要了，身體才能跟著翩翩起舞，所以，不管你幾歲，都請放開你的頭腦，做愛故我在，為什麼不讓性愛陪你一起到老！

第一篇 性生理

CH1

陰莖

解構陰莖

陰莖是男性排尿和性交的器官，由三個主要部分組成：根部、體部，以及用以覆蓋龜頭的上皮部分（包括陰莖體部兩側的皮膚和包皮）。陰莖的主體主要由兩個位於背側的陰莖海綿體和一個位於腹側的尿道海綿體組成，尿道則經過與射精管連接的前列腺及陰莖海綿體，最終到達位於陰莖龜頭尖端的尿道外口，以上路徑是排尿和射精的主要通道。

陰莖根部：與身體連接的部分，位於會陰淺隙，包含左右兩個陰莖腳和一個位於中間的陰莖球。

陰莖體：一般分為背側（勃起的陰莖的後上方）與腹側（尿道）兩面，包含龜頭和陰莖體之間的冠狀溝。

陰莖上皮部分：由陰莖體部兩側的皮膚、包皮、包皮內的黏膜組成，並在疲軟狀態下覆蓋住龜頭；由於上皮部分沒有緊緊貼著體部，所以能自由地前後移動。

大部分男性的陰莖是從跟女性陰蒂相同的胚胎結構發育而來，男性陰莖周圍的皮膚跟女性陰唇亦屬同源結構。

因為陰莖海綿體充血而使陰莖變硬變大的現象稱為勃起，通常在性喚起時發生，但也可能在不與性有關的情境下發生，這在青少年階段尤其普遍。

陰莖作為雄性生物的主要生殖器官，主要作用在於將精液輸送進入雌性生物體內，同時由於陰莖上布滿密集的神經，也是重要的性感帶。

陰莖經過性刺激就會通過初級勃起中樞形成完整的神經反射弧，使血液進入陰莖的血管，陰莖海綿體再壓迫靜脈血管，讓血液無法倒流，從而使陰莖勃起，維持硬度，並持續一段足以完成性交的時間。

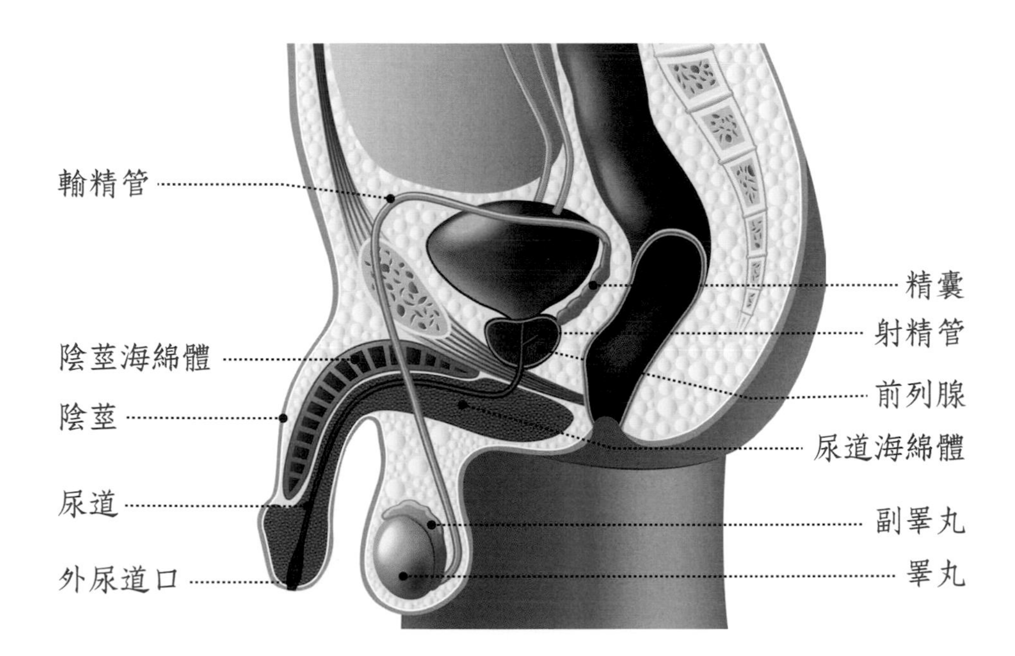

成年男性陰莖勃起長度約為12.9～15cm

在疲軟狀態下，陰莖體部顏色較深的前端由包皮所覆蓋，但前提是包皮沒有被完全去除，在完全勃起的情況下，陰莖體部會呈現堅硬的狀態，外圍皮膚也會變得繃緊。

陰莖勃起的角度亦有所差異，包括向上或向下，向左或向右，置中向前，或有向某個方位彎曲的情況，對於這種現象，往左彎的常被戲稱「左宗棠」，往右屈則被稱「于右任」，這些情況是天生的嗎？不是！男嬰出生時陰莖是短短直直向前，長大後因為要穿褲子，但沒人在設計褲襠時做個裝陰莖的袋子，陰莖便被隨意擺，擺在右邊久了便向右歪，擺在左邊習慣了便向左歪，久之便造成勃起時形狀呈現左彎或右屈，但不管偏左或偏右都是正常情況。

至於陰莖長度，雖然研究結果不盡相同，但有一定的共識認為人類陰莖勃起的平均長度為12.9～15cm，疲軟時的大小並不足以準確反映陰莖勃起時的長度，台灣男性陰莖平均長度為10～13 cm。

陰莖的長短和男性的性能力基本無關，不管是10cm或是20cm，功能是一樣的，亦不是女性獲得性快感的重要影響因素，**真正影響到性愛品質的是陰莖的圍度（粗細）與硬度**。醫學上一般認為，男性陰莖長度僅需大於5cm，即可有正常的性生活。

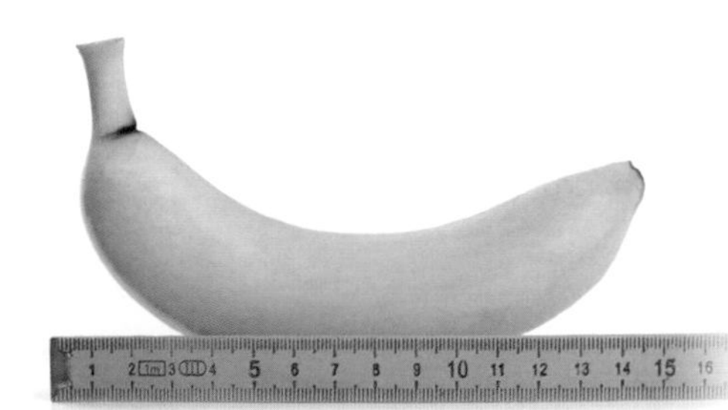

一般量測陰莖長度的方式：按壓恥骨脂肪，以硬尺抵住，牽拉陰莖使之延長後，量測至龜頭最前端的距離。

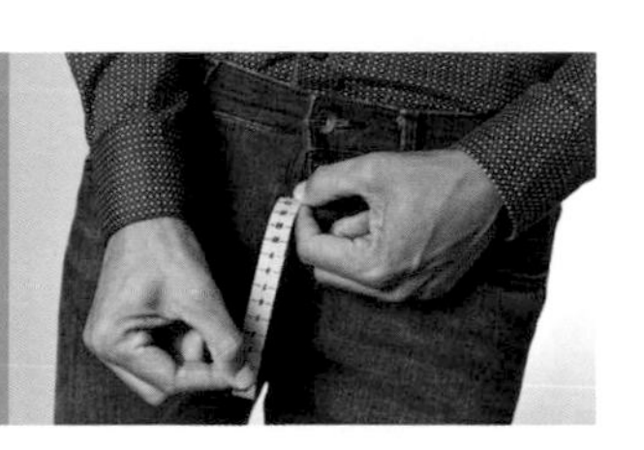

陰莖的長短粗細和身高基本沒有關聯，就如同女人的罩杯大小和身高並無關聯是一樣的，全由基因決定，但陰莖長短則有種族的差別，某些種族的白人及某些種族的黑人陰莖的確比亞洲人長，長度甚至能達到25公分。

醫學上對陰莖勃起長度的定義有三種：

海綿體的總長：因為包括體內內陰莖部份，只有在手術時才能測量。

陰莖勃起長度：也就是外露的部份，從恥骨到龜頭的長度。

陰莖功能長度：這項定義須考量有些男人恥骨周圍的脂肪較厚，陰莖根部可能陷入脂肪堆裡，造成長度縮短，所以必須按壓恥骨測量，其長度比「陰莖勃起長度」稍長。

陰莖的哪個部位最敏感？

男性性器官的主要敏感區域是陰莖（包括龜頭和陰莖體）、陰囊、大腿根部及會陰等處，而陰莖上的包皮繫帶更是重要的敏感部位。

陰部感覺神經最重要的分支是陰莖背神經，主要分布在陰莖背側，負責龜頭和陰莖皮膚的感覺，陰莖背神經的一個小分支專門分布

長知識

精液是由球莖狀的前列腺所產生，射精也全靠它用力一縮；精液裡所含的前列腺素會造成子宮收縮，使女性產生性快感，原理如同懷孕期間可做愛、不能在陰道射精是一樣的，以避免因宮縮造成妊娠危險。

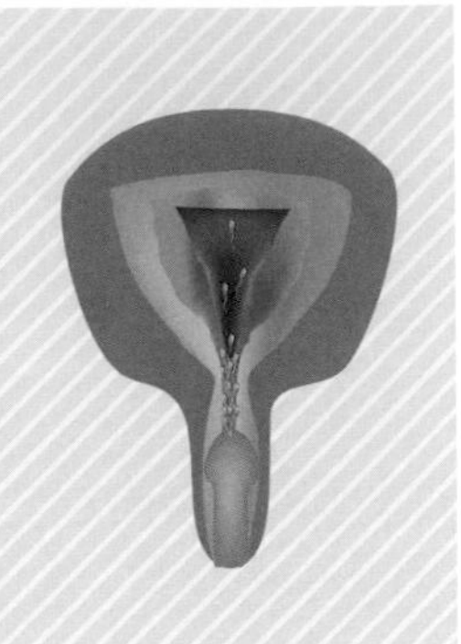

到包皮繫帶上，所以**包皮繫帶對外界的刺激十分敏感，是男性最重要的性敏感區**。

那要如何有效刺激包皮繫帶才能給男性帶來充分的性愉悅呢？其實包皮繫帶對性刺激的反應與女性陰蒂類似，直接、較強的刺激會造成不舒服，用間接、輕柔的刺激手法來按壓、摩擦，可有事半功倍的性刺激效果，若以口輔助效果更好；不適當的刺激包皮繫帶不僅不能帶來性快感，還會導致撕裂或斷裂，引起疼痛和出血，嚴重者可能需要手術處理。

睪丸皺褶的調溫功能是上帝的神奇設計！

睪丸必須在低於體溫的情況才能正常產生精子，體溫太高時精子難以產生，就有可能失去生育能力。如果男性經常穿緊身褲，睪丸因此被包裹得過於緊密，溫度提高到和體溫一樣的37℃時，就會對精子的數

陰莖解剖圖

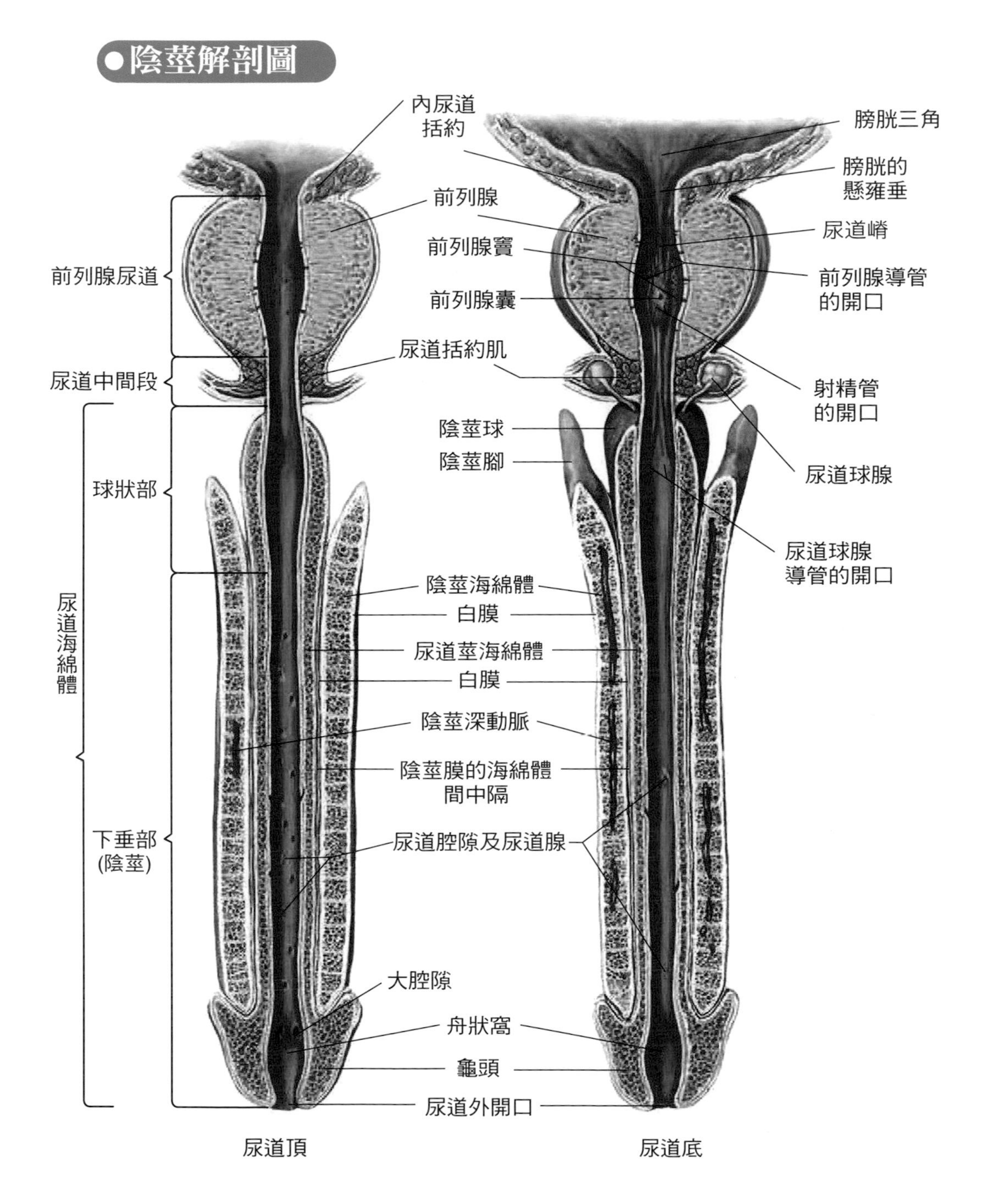
內尿道
括約
膀胱三角
膀胱的
懸雍垂
前列腺
尿道嵴
前列腺竇
前列腺導管
的開口
前列腺囊
前列腺尿道
尿道括約肌
尿道中間段
射精管
的開口
陰莖球
陰莖腳
尿道球腺
球狀部
尿道球腺
導管的開口
尿道海綿體
陰莖海綿體
白膜
尿道莖海綿體
白膜
陰莖深動脈
陰莖膜的海綿體
間中隔
下垂部
(陰莖)
尿道腔隙及尿道腺
大腔隙
舟狀窩
龜頭
尿道外開口
尿道頂
尿道底

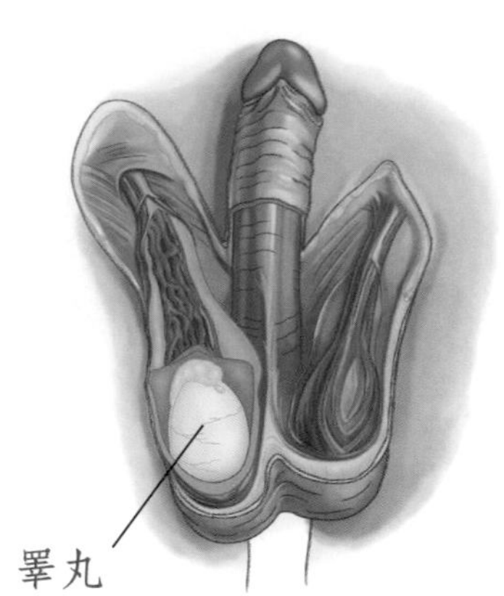

量和質量造成破壞。長時間在燥熱環境下工作的人，如廚師、鍋爐工人等，就容易因為高熱而影響生育能力。

陰囊的表皮為深褐色，是上帝精心設計的超完美智慧型精蟲防熱防寒袋。因為精蟲很脆弱，溫度太高會死亡，太低會失去活力，所以天熱時陰囊表皮會放鬆變薄下垂，一方面有利散熱，也讓睪丸遠離溫熱的腹腔；天冷時陰囊表皮會皺縮變厚，把睪丸往上提，讓它貼著腹腔取暖。對於這種神奇的人體設計，我們不禁要感謝上帝，讚美上帝！

▲日本浮世繪特別誇大男人陰莖

▲大衛雕像

CH2

勃起

勃起的生理機轉

勃起是神經、血管等一系列複雜因素配合後所出現的結果，為成年男性的一種生理現象，且常與性興奮或性吸引有關，不過它也有可能自發性地出現，尤其在青少年時期為常見現象。

當人體的勃起功能作用時，陰莖海綿體的空腔會充血，使陰莖脹大且變得堅硬。在自然界中能夠勃起的動物包括哺乳動物、鱷魚、海龜、某些鳥類等。

從生理學的角度而言，勃起是因血管和神經的機制而生，由副交感神經（自主神經系統的一部分）所引起，而使血管舒張——一氧化氮於陰莖小樑動脈和平滑肌內的濃度上升，動脈舒張會使陰莖海綿體和尿道海綿體充血，不過後者的充血程度相對較低，同時坐骨海綿體肌

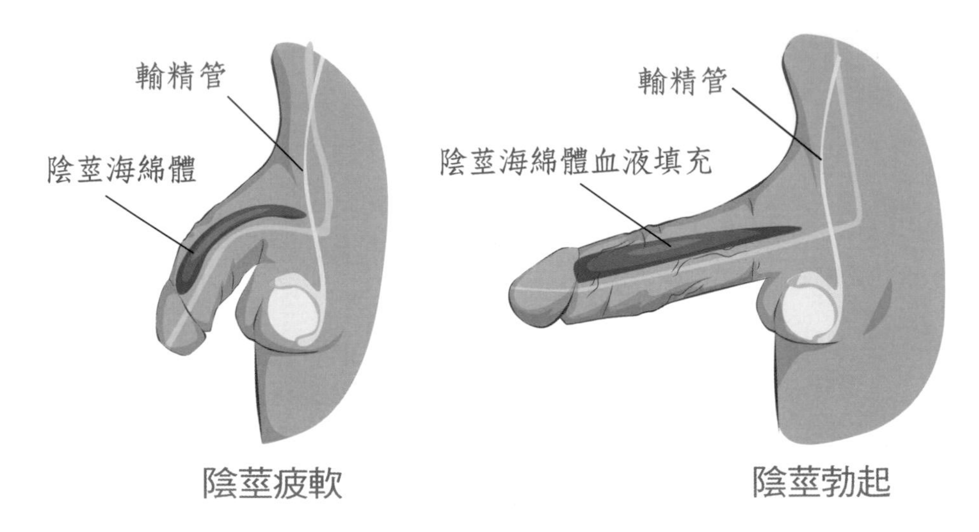

和球海綿體肌會壓迫陰莖海綿體的靜脈，限制血液流出；當副交感神經活動消退至平常狀態時，陰莖的勃起狀態就會消退。

人類的勃起相對於其他動物更為依賴第二信號系統，它會在沒有對性感帶進行物理刺激的情況下引發勃起，例如因性幻想引發性慾而出現的勃起。

性慾起自大腦，引發勃起

當男人看到女人的性感部位會激起下視丘活動，這個訊息迅即由電流傳到脊髓的下段，脊髓的神經元會產生一氧化氮激發其他化學元素，放鬆血管壁的平滑肌細胞並擴張血管，血流迅即灌入陰莖海綿體的幾千個小洞，把陰莖的血流量變成平時的6倍之多，隨即關閉靜脈血管的出口，讓血液充滿並留在血管裡而造成勃起。

直接刺激陰莖也能促成勃起，陰莖的神經受到刺激，快感也會逆向傳回脊髓，促成脊髓傳送訊息給陰莖，讓血管准許血液大量流入血管及海綿體而造成勃起。所以，用手撥弄男人的陰莖或是把陰莖含進口中挑逗，都可以讓男人勃起！

勃起的本質就是血管充血反應，血液循環系統若出了問題，如心臟不好的人就會造成陰莖勃起不良。

陰莖勃起後，龜頭和尿道海綿體提供體積，一對陰莖海綿體提供硬度，在顯微鏡下看海綿體會發現在鬆弛狀態時有不明顯的間隙，這也是為什麼當血液充盈時陰莖會變大的原因，但血液也不會無止境的充盈，當血液供應達到陰莖所需要的硬度時，陰莖內的靜脈血管瓣膜會部分關閉，並限制靜脈血液回流，這樣就完成了一次勃起。

你會在早上「升旗」嗎？

男人在清晨的自然勃起稱為「晨勃」，由於機關單位多在早上升旗，因此「晨勃」被戲稱為「升旗」，它對男性而言是一項健康指標。

男人在經過一夜好眠後，清晨時分會分泌大量的睪固酮使得性慾突然升高而出現晨勃；大部分新婚女性都會發現老公經常在清晨4～7點之間褲襠搭起了帳篷，原來是男人的陰莖又勃起了。

男人的陰莖勃起緣於血液動力學，是大量血液流入海綿體，通常是由於大腦皮質受到外界刺激，下達指令給腰骶部的勃起神經中樞發出勃起的衝動，但「晨勃」不需要來自外界的性刺激，而是陰莖在無意識狀態下，不受情景、動作、思維控制而產生的自然勃起。

青春期後男性每天晚上會有3～5次勃起，只要神經、血管及陰莖海綿體的結構與功能正常，就會有這種現象，每次勃起平均為15分鐘，但也有長達1小時的。

射精

射精的生理過程分為三個階段：精液泄入後尿道→膀胱頸關閉→尿道的精液向體外射出。

射精的神經中樞在脊髓胸腰段，通過陰部神經傳入刺激後到達中樞，再經過傳出神經通過腹下神經及膀胱神經叢，使副睪、輸精管、精囊、前列腺及球海綿體的平滑肌收縮，使精液流入後尿道。

由於貯存在後尿道的精液量增加，通過神經反射使尿道及周圍會陰肌群發生收縮而射精，此時膀胱頸也受交感神經的控制而發生收縮。

在射精過程中，陰莖海綿體是參與勃起機制的組織，而尿道、尿道海綿體則與泄精和性慾高潮有關。在男性性興奮期，勃起的陰莖將尿道拉長，原本彎曲的管道變直，尿道的橫徑可增加為原來的兩倍，尿道球部形成較靜止期大三倍的腔室，此時尿道口隨刺激而張開。

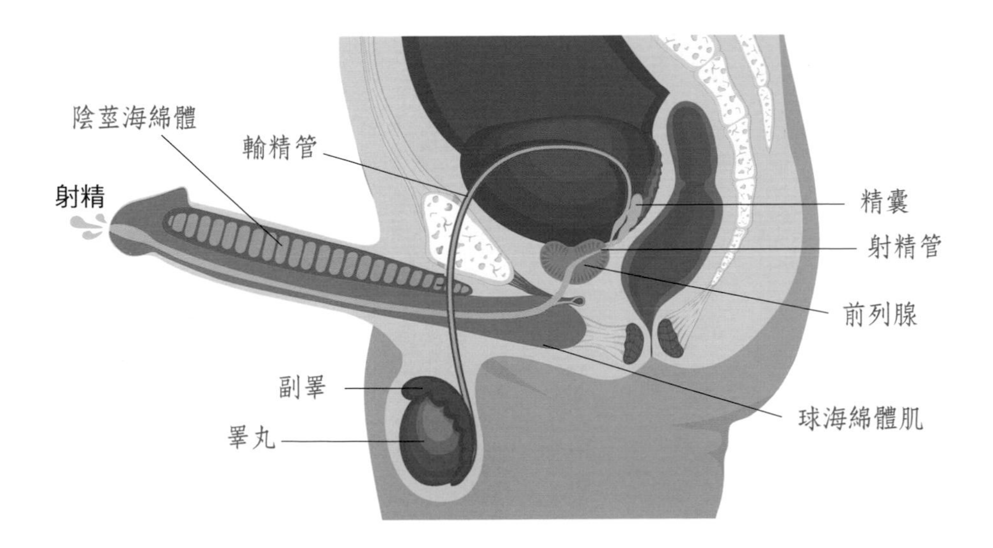

性交時，交感神經興奮釋放大量的去甲腎上腺素，使附睪、輸精管、射精管發生相繼的協調性收縮，且為節律性的強收縮，把精液驅入後尿道，輸精管液則可直接注入後尿道而不需進入精囊內。

交感神經興奮可使前列腺平滑肌收縮，前列腺液排出，膀胱括約肌收縮，精液排入尿道，膀胱頸反射性關閉可防止精液逆向進入膀胱，同時防止尿液進入尿道。

射精時，伴隨尿道球部發生節律性收縮而產生快感，開始為2～3次非常強烈的收縮，隨後是幾次較弱的收縮，性快感及性高潮的程度因精神狀態和性興奮強度、時間不同而有差別。

勃起消退可分為兩個階段：首先是陰莖快速復歸，喪失硬度，體積縮小回復原狀，與高潮期相比約為50%；其次是陰莖回復到萎軟狀態，勃起時間長短有年齡上的差異，有的可持續到不應期過後很長一段時間，有的迅即恢復平常的狀態。

射精的馬達，生產精液的工廠——前列腺（攝護腺）

前列腺又稱攝護腺，是男性特有的器官，為男性體內一個如核桃大小的腺體，位於膀胱下端，包圍著尿道，男性排尿時尿液會從前列腺經過，它的主要功能是儲存前列腺液，這種液體與精子結合形成生育所需的精液，前列腺若出問題就可能影響男性的生育功能，其主要功能包括：

1.外分泌腺體：製造部分精液（15%～30%）。

2.內分泌腺體：提供男性荷爾蒙轉換成二氫睪固酮。

3.活化精子：其分泌物能給予精子活力並保護精子，協助精子在體外生存一小段時間。

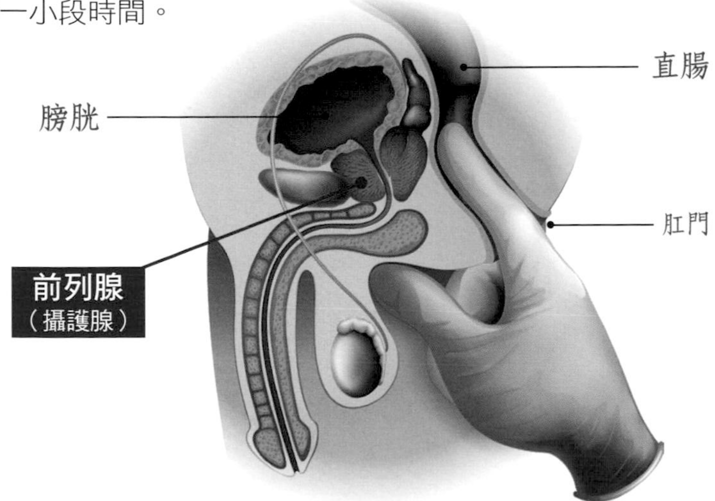

攝護腺肛門指診：攝護腺是男性特有器官，位於膀胱尿道交界處，以手指伸入肛門約4公分處即可觸及，若摸到硬塊則可能是癌病變，這是最簡單的檢查方法。

攝護腺癌

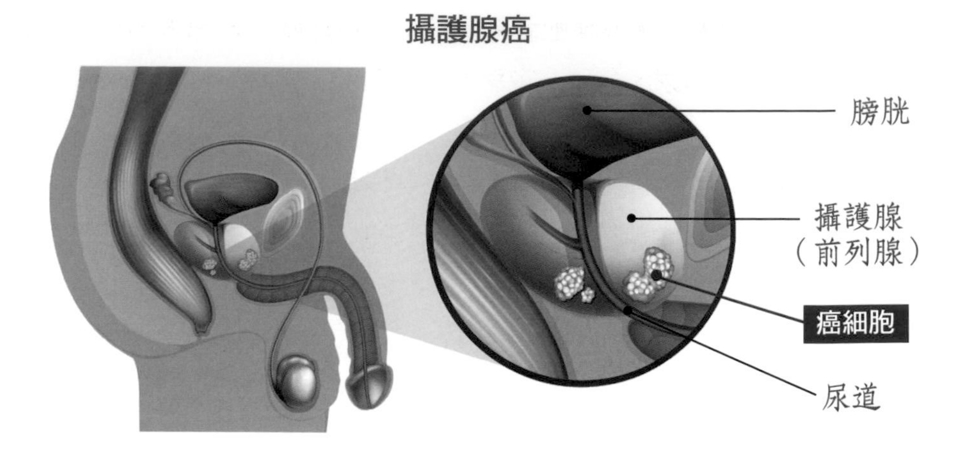

與攝護腺相關的疾病主要有三個：

1.攝護腺癌：症狀為勃起功能障礙、精液出血、骨盆痛、排尿困難，末期轉移至骨頭時會出現骨頭痛的情形。

2.攝護腺炎：分為急性和慢性，急性者會有發冷、發燒、攝護腺劇痛、排尿困難、頻尿、血尿等症狀；慢性細菌性攝護腺炎則會有頻尿、尿急、會陰痛、小腹痛、鼠蹊部痛、反覆尿路感染，或是射精後局部痠痛等症狀。

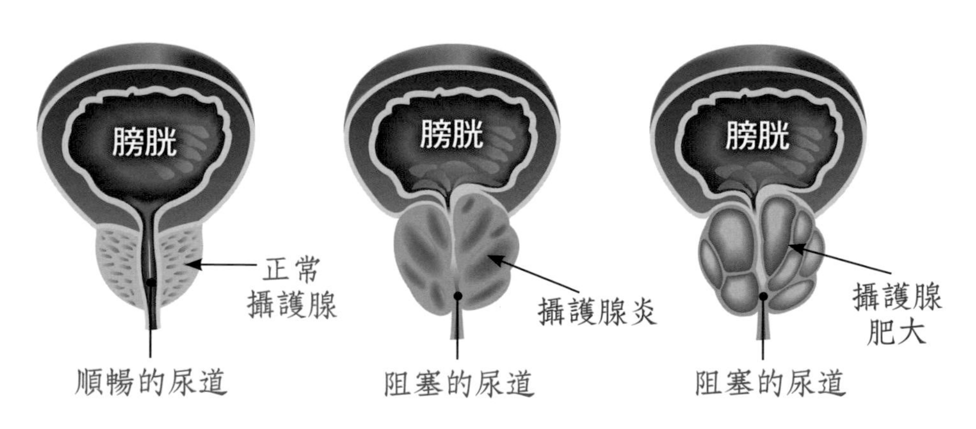

3.攝護腺肥大：攝護腺肥大有時不會出現症狀，若肥大的程度較嚴重，可能會出現頻尿、急尿、夜尿、排尿困難、解尿時間長、尿不乾淨等症狀。

除了以上三種常見疾病外，也可能有攝護腺鈣化（或稱「攝護腺結石」）的問題，但攝護腺鈣化通常沒有症狀，多數患者都伴隨攝護腺肥大、攝護腺發炎等疾病。

長知識

男人每天/每月最多可射精幾次？

男人一天可勃起幾次就可以射精幾次！但射精一次需消耗大量體能，所以男人在射精瞬間會耗盡體力，彷彿靈魂出竅般頓時虛脫！此刻可說是男人最脆弱也最缺乏警覺的時候，所以在許多諜報電影中，身材姣好的美麗女特務總是在這時對敵人下手。

20歲以下的男人射精後躺著小憩，約1小時內可恢復戰力；30歲以下需要2小時；30歲以上可能需要4小時；40歲以上需要8小時；60歲以上吃1顆威而鋼4個小時內可勃起2次，24小時內另一個4小時再服1顆威而鋼可再度勃起，再做2次。所以一天能射精幾次要靠天時地利人和等條件的配合。

至於男人一個月最多可射精幾次？答案是只要男人有能力勃起幾次，就可以射精幾次，沒有限制的必要，如果到了極限陰莖就不能勃起，自然不會再射精。

夢遺

夢遺或稱遺精，大多數男性在進入青春期後會在睡夢中不自覺排出精液，這就是夢遺。它的發生大多是因為精液中的精子製造達到飽和，再因睡夢中陰莖的摩擦或夢境與性興奮相關時造成的不自主射精。

男性在睡夢中因為不受到意識壓制，比在清醒時更容易勃起，因此在睡眠時出現與性有關的夢境，陰莖就會自然勃起，當到達某個興奮點時就會射精。夢遺是一種正常的生理現象，夢遺次數的多寡和人體健康狀況無關，如果偶爾有較多次的自慰或夢遺，並不會對健康造成負面影響。

許多青春期男孩在經歷第一次夢遺後會感覺不安，甚至擔心自己是不是有問題，但不敢向老師、家長或同學提起，事實上夢遺並不會傷害身體，對性功能也無妨礙，夢遺時所排出的精液也不會造成身體機能損失，因為身體能不斷製造精液，即使精液積留在體內不射出，一樣會透過生理循環產生新陳代謝。

有些家長會利用「吃補腎精」的湯藥來「治療」青春期男孩的夢遺，事實上是不需要也不會有效果的，因為夢遺並不需要治療。

手淫

手淫又稱「自慰」，指用手撫摸自己的外生殖器，使生理及心理得到滿足的一種行為。手淫在青少年階段是一種普遍現象，男孩在12～14歲以後性器官開始發育，陰莖逐漸增長，睪丸體積增大，陰毛陸續長出，陰囊表皮顏色變深且形成皺褶。當男孩發現自己身體的這些變

化，並體驗到自身的性興奮開始增強，便會對性產生好奇，撫弄自己的外生殖器更是滿足好奇最可得的方式。

有些男孩便有意無意用手玩弄自己或他人的外生殖器，並在同齡夥伴中談論這些話題。曾有學者做過一項調查，75%的男孩和57%的女孩曾嘗試手淫，手淫的年齡多從12～16歲開始，這與開始性成熟且有遺精的年齡吻合。

現代人由於營養充足，性發育成熟時間大為提早，青少年在性發育成熟後到合法或被社會觀念普遍接受能擁有性伴侶仍有一段時間的「空窗期」，**對於沒有正常性伴侶的青少年，手淫對身心健康是正向的，可將之視為性衝動能量的正常宣洩，不應該給予禁止，或是威嚇手淫為不當行為。**

適當手淫其實是維持男性性生理正常且必要的方法，在一些針對老年後仍擁有較強性能力的男性所做的調查顯示，他們在年輕時都有頻率較為正常的性生活，包括手淫。在生理上，男性產生、製造精子的主要目的是執行生育任務，傳統觀念認為過度洩精會傷元氣，其實這是錯誤的，因為精子存在體內2～3天內沒有排出就會被身體吸收，從而生成新的精子，所以精子不排出才是真正的浪費。

社會都比較注意男性手淫，而忽略女性也普遍有手淫的習慣，根據調查，80%的女性有過手淫的經驗，女性手淫不會產生生理或心理上的問題，反而可以紓壓、自娛，尤其是單身未婚者在枕畔無人的情況下，手淫可適度滿足性需求。

未婚男女每月手淫1～2次並不會影響健康，自然的性慾需求是一種能量，當累積到一定程度就應該有合理的宣洩管道，但如果只是為了追求性刺激，不顧身體的實際情況，強迫自己過度進行性交或手淫，就是對身體的摧殘，也是透支自己日後的健康。

長知識

專為男人開設的手淫店

性的遊戲五花八門，這在商人眼中就是生意。在性較為開放的歐洲，一種專為男性開設的手淫店，成為男人的另一處性愛遊戲間。這種店不需要大空間，甚至連辦事的房間都不需要，只需一個一個小隔間，服務的人在隔間內，不露臉，在外面接受服務的客人只要將他的下身貼近隔間牆面，當然，在他陰莖高度的牆面會有一個開口，透過這個管道，服務者與被服務者不需照面就能輕鬆完成交易。

反之，若男客有性交需求，牆面較大的開口會送出女性服務者的下半身，張開雙腿，男客以站姿完成交易，雙方一樣不需照面，這種服務方式以現代需求快速的商業模式來說，應該就是類似「得來速」，方便極了，輕鬆解決需求，讚！

CH3

男性更年期

常被忽視的男性更年期

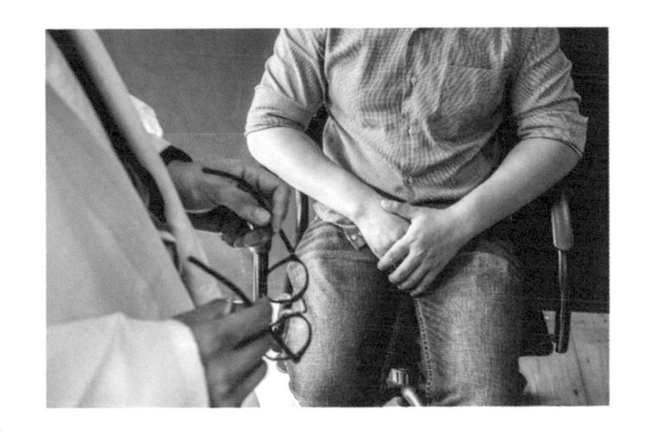

一般人以為只有女性有更年期，其實男性過了40歲也會開始面臨更年期的困擾。隨著年齡增長，體內的睪固酮（男性荷爾蒙）濃度逐漸降低，身體、心理及性功能上也會開始出現一些臨床症狀。由於男性更年期的症狀通常不明顯，慢性失調也不易偵測，因此常被誤以為是正常現象而未加治療。

男性體內的睪固酮分泌在15～30歲時最高，但過了這段巔峰期，隨著睪丸功能衰退，血中睪固酮濃度會以每年1%～2%的速率減退，通常到了40歲，男性即可能因為睪固酮濃度不足而造成各種老化現象。

根據國內大型男性健康管理研究中心經抽血檢測，發現40歲以上男性有高達33%受測者有血中睪固酮濃度不足的問題。

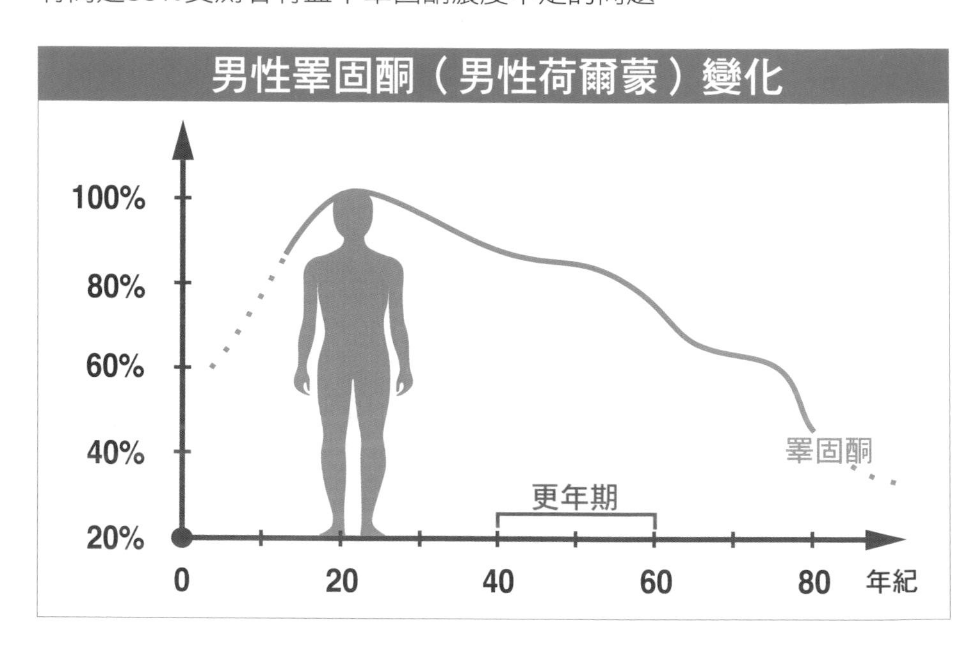

抽血檢測睪固酮濃度

男性更年期是指睪丸製造男性荷爾蒙（睪固酮）的分泌減少，又稱為男性性腺功能低下症。一般而言，15～30歲是男性荷爾蒙分泌的顛峰，30歲以後逐年以1%～2%的速度下降，

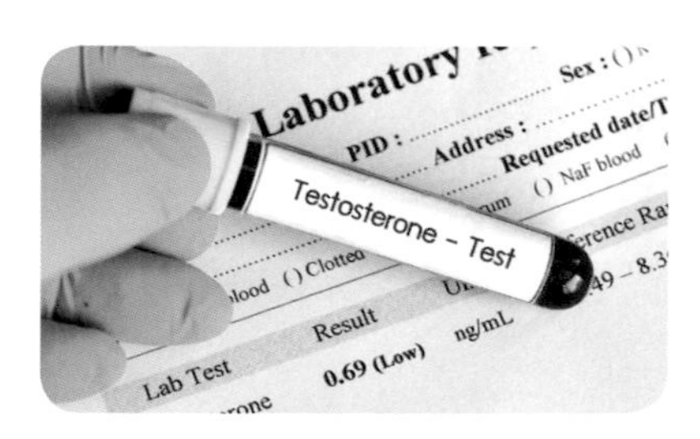

雖然睪固酮濃度本就會隨著年紀增長而越來越低，但是若低於生理需求

時，就可能出現肌肉質量減少、體毛減少、熱潮紅、骨質疏鬆、肥胖、勃起功能障礙、晨勃次數減少等症狀，並且有可能影響大腦，造成性慾降低、情緒低落、容易疲勞、活力減退等情形。

現代人長期外食及生活壓力大，不少年輕男性也因為血糖、膽固醇、三酸甘油脂等數值偏高，加上肥胖，導致身體提早老化，不到40

歲即出現勃起功能障礙的問題。

要知道自己是否為男性更年期患者，除利用問卷量表評估，也可抽血檢查睪固酮濃度是否低於300ng/dl，若是則可確診為睪固酮低下。

男性更年期症狀通常在補充男性荷爾蒙後能有明顯改善，但若攝護腺指數較高或為攝護腺癌患者，則不建議補充男性荷爾蒙，以免有讓腫瘤增大的可能，使用前最好經醫師詳細檢查，再選擇合適的治療方式。

男性更年期是一種老化的過程，如果能夠了解更年期的過程，並能在心理上得到支援、生理上得到治療，大部分男性都能順利度過更年期帶來的改變。

男性更年期障礙的診斷與症狀

在一般人的印象中，更年期是女性特有的狀況，最明顯的表現就是停經，其實男性也會經歷類似的生理過程，隨著男性荷爾蒙衰退，可能伴隨出現容易疲勞、注意力不集中、憂鬱、失眠、臉潮紅、皮膚萎縮等症狀。

睪固酮是男性荷爾蒙中最重要的一種，其作用包括增進肌肉量與強度、改變體脂肪的比率與分布、維持骨密度、促進紅血球製造、刺激體毛生長、調節男性生殖功能等，同時它也會影響情緒，過低時容易出現鬱悶、提不起勁、喪失性慾等現象。

男性的睪固酮是由睪丸所製造，30歲之前，睪固酮的主要功能是與第二性徵及生殖功能有關，過了30歲，睪固酮除了和生殖功能有關之外，也和性能力、肌肉骨骼強度、體力、精神情緒穩定及新陳代謝有關。

隨著年紀漸長，睪丸製造睪固酮的能力也逐漸喪失，所有原本由睪固酮負責的身體功能就會逐漸出現異常，常見的症狀包括：

心理方面：易怒、焦慮、憂鬱、失眠

生理方面：熱潮紅、體重增加、骨質疏鬆、體力下滑、肌肉鬆弛

性功能方面：性慾減低、勃起障礙、晨勃次數減少

美國統計發現，50歲過後，約一成左右的男性有睪固酮減少的情形，70歲過後，則有高達五成的人出現睪固酮缺乏；由台灣男性學醫學會所做的調查也發現，40～80歲男性，血液中睪固酮濃度低下的比例高達33%，顯示睪固酮缺乏在熟年男性中是很普遍的問題。

罹患睪固酮缺乏的病患，易合併發生動脈粥狀硬化、高血壓、糖尿病、身體發炎、心血管等疾病，身體代謝功能也會變得比較差。

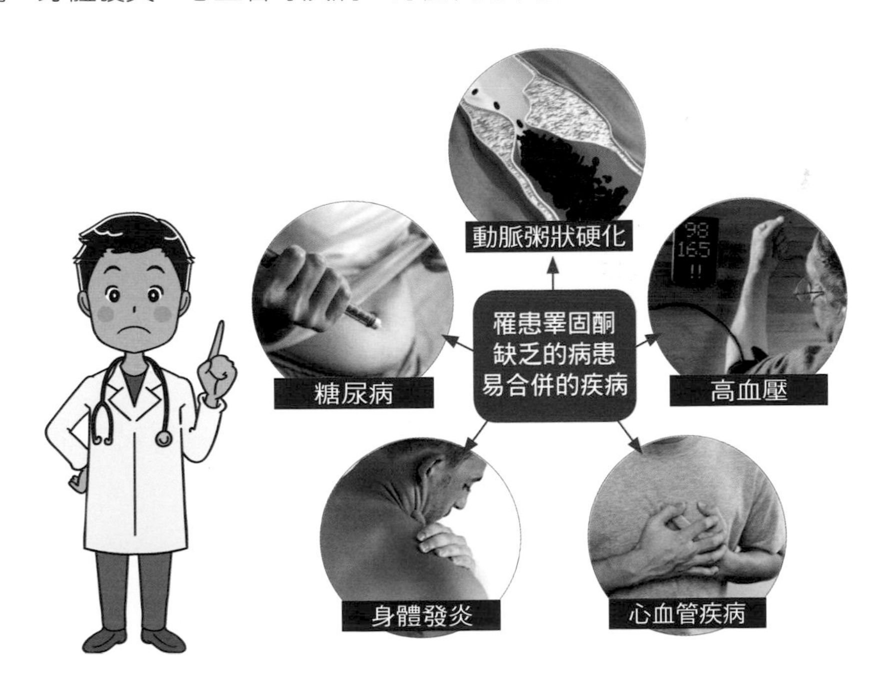

CH4

男性更年期常見疾病

勃起功能障礙

勃起功能障礙（Erectile Dysfunction，ED）俗稱「陽痿」，依照美國國家衛生研究院訂定的標準，指男性沒有能力勃起或勃起卻無法維持達到滿意的性行為。陰莖勃起是男性性反應的第一步，只有陰莖勃起才能享受性愛的樂趣。

人體負責勃起的中樞有兩處，其一是由幻想、視、聽、接觸等性刺激而經由大腦勃起中樞引發，其二是經由薦椎反射勃起中樞引發，但不管是由大腦或是由反射勃起中樞引發，最後都必須經由副交感神

經將勃起指令傳到陰莖，使陰莖海綿體充血才能勃起。所以只要中樞、神經或充血系統出問題，都會造成勃起困難或障礙。

台灣盛行率約為26%

勃起功能障礙在各國的盛行率為26%～52%，台灣的盛行率估計為26%，造成勃起功能障礙的原因包括：

1.心因性：主要因心理因素使得中樞神經無法刺激勃起，原因可能來自生活壓力、伴侶間溝通障礙、潛意識的焦慮與緊張、沒有信心等，好發在40歲以下的年輕男性。

2.器質性：主要因血管、神經、內分泌系統，或是陰莖海綿體受損所引起，好發在50歲以上的中高齡男性。

血管問題是最常見的原因，可能因老化、動脈硬化、高血壓、高血脂、糖尿病和吸菸等問題引起。

神經的問題以糖尿病神經病變最常見，其他如骨盆腔手術、脊椎受傷、腦部外傷等，也可能導致神經病變而影響到勃起功能。

內分泌系統主要是荷爾蒙的因素，可能因壓力、老化或合併有內科疾病，如肥胖、糖尿病、肝腎功能異常等，使男性荷爾蒙分泌不足，進而導致性慾降低與勃起功能障礙。

3.藥物：常見如使用降血壓藥（如利尿劑、乙型阻斷劑）、抗憂鬱藥、鎮靜劑、荷爾蒙製劑與消化性潰瘍用藥（cimetidine）等，都可能引發勃起功能障礙。

4.攝護腺肥大：研究證實，因攝護腺肥大所導致中度到重度下泌尿道症狀的病人，比輕度下泌尿道症狀的病人，罹患勃起功能障礙的危險性高出3.27倍。攝護腺問題是老年男性常見造成勃起障礙的原因，以「好色」聞名的文學大師李敖2003年時確診罹患攝護腺癌，手術摘除攝護腺後，他自認生理上沒有太大變化，但心理上卻「大躍進」，一輩子愛美女的他突然「意興闌珊」、「進入昇華境界」，過去，曾有人問李敖，為什麼不搞政治？他說，「女人都搞不完了，搞什麼政治？」不料，在「進入昇華境界」後，他坐在陽明山的書房，看著窗外夕陽落下，嘆了口氣說：「還是搞政治吧！」

●95%都可藉由治療而改善

勃起功能障礙是可以治療的，且幾乎95%都可以藉由治療而改善，為了幸福著想，千萬別諱疾忌醫。

由於八成左右的勃起功能障礙是生理問題所引起，包括心血管疾病、糖尿病、前列腺切除術所致的神經問題、性腺功能低下症、藥物不良反應等，約一成為心因性勃起功能障礙，主要因個體的感受或意識所引起，這類型患者以安慰劑治療可有強烈的效果，其他輔助治療包括改變生活方式、解決根本心理原因等。

大部分患者皆可嘗試以西地那非般的PDE5抑制劑（威而鋼、犀利士、必利勁等藥物）來治療，其他治療方式包括經由尿道灌注前列腺素、往陰莖注射平滑肌鬆弛劑和血管擴張劑、植入陰莖假體、使用陰莖泵、進行血管重建手術等。

三高患者容易出現勃起困難

心血管疾病許多危險因子都和勃起功能障礙相同，例如抽菸、糖尿病、高血脂、低高密度膽固醇、年齡增長等，有勃起功能障礙的病患，幾乎都有一個以上冠狀動脈疾病的危險因子。

患有慢性冠狀動脈疾病的男性病患，有勃起功能障礙的比例比一般人高出41%（24% vs. 65%）；而有勃起功能障礙的病患，冠狀動脈疾病的累積發生率也高於一般男性。

心血管疾病之所以和勃起功能障礙有如此高的相關，其致病機轉和血管內皮的機能失調有關。已罹患冠狀動脈疾病的男性，有67%～93%平均在發病的24～39個月前，就出現勃起功能障礙的問題。

勃起是由流到海綿體的動脈血流所控制，因此勃起功能障礙的嚴重程度和動脈粥狀硬化阻礙動脈血流的程度有關，又因為冠狀動脈疾病的

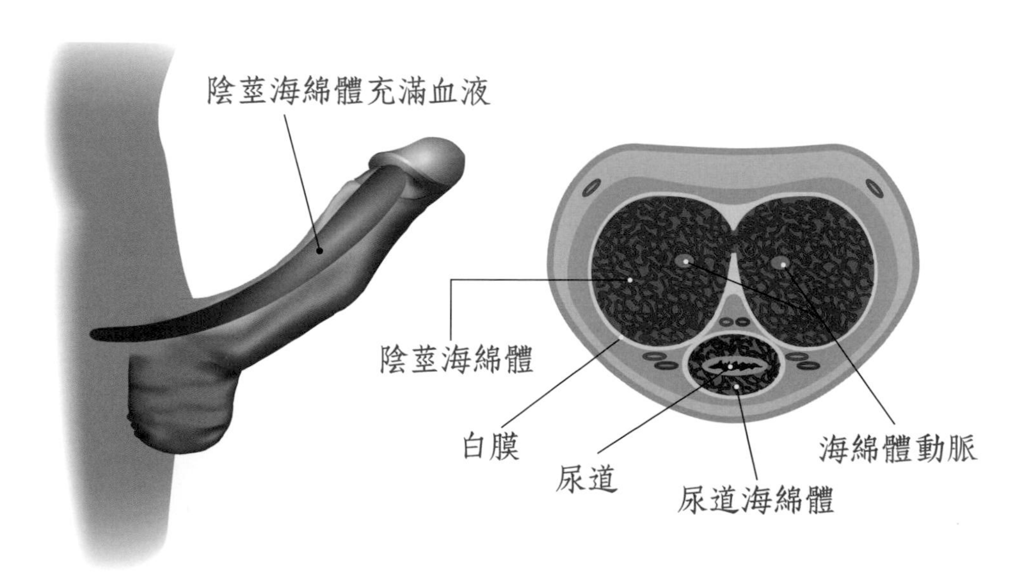

嚴重度和勃起功能障礙有高度相關，所以在沒有其他明顯致病因素時，發生勃起功能障礙也可以被認為是一種無臨床症狀的冠狀動脈疾病潛在指標。

中壯年男性平時應酬多、飲食不正常，加上少運動，動脈血管彈性愈來愈差，甚至逐漸硬化，使進入陰莖海綿體的血流量大大減少，也會造成勃起功能障礙。

因為勃起困難而就醫的人，三成有心血管疾病，但目前醫院開出治療勃起困難的藥物多不適合與治療心血管疾病的藥物一起服用，因為這些治療ED的藥物容易引起低血壓，產生休克的風險很大。

若是不服用藥物，其他治療方式如體外震波、注射血管擴張劑、血管手術、植入人工陰莖等，這需要與醫師詳細討論後再決定執行方式。

生活中，要減除心血管疾病對勃起困難的危害，你可以這樣做：

1.改變生活方式，例如戒菸、減重、規律運動等。

2.治療代謝問題，包括高血脂、糖尿病、高血壓等。

●最後的治療手段──人工陰莖

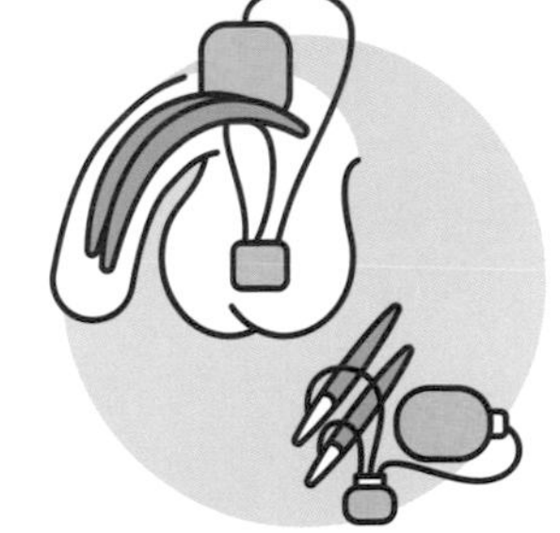

勃起功能障礙最後的治療手段就是手術植入人工陰莖，這也是針對嚴重器質性ED的治療方式，但輕度的器質性ED或是心因性ED，在其他方法治療無效時，仍可選擇做人工陰莖植入手術來恢復勃起，重新享受性生活。

人工陰莖手術是以開刀的方式在陰莖海綿體內植入對人體不會有過敏反應的矽化物，不同型式的人工陰莖都可以幫助病人成功勃起，手術後外表看不出痕跡，病人可自行操作，可讓男人有足夠的勃起來進行性行為，男女都能享受快感和高潮，並能射精。原則上，人工陰莖一旦植入可終生使用，除非感染或機械故障才需取出或置換，不過這種機率低於5%。

要知道的是，人工陰莖植入手術主要用於治療終末期的勃起功能障礙，而不是有些人以為的陰莖擴大術，且陰莖假體植入後陰莖體積並不會擴大，反而會稍減。

常見人工陰莖類型

1.可塑式陰莖假體

陰莖假體是經由多種方法植入陰莖海綿體中的一組桿，手術方式如龜頭冠狀溝後切開術、恥骨部切開術和陰莖陰囊交界切開術等方法，人工陰莖桿堅硬，可用手動方式調整到患者需要的位置以執行性交。

手術時將人工陰莖桿精確地置入陰莖海綿體中，即在陰莖龜頭中點的海綿體近端和陰莖腳底部的海綿體遠端，被植入的人工陰莖桿與骨盆的坐骨結節間有0.2～0.5cm的空間，陰莖下垂部分，陰莖海綿體內樑分布在2～6點或10～6點鐘的位置，將陰莖海綿體分成四個空間，將人工陰莖桿精準置入在上面的兩個空間中。

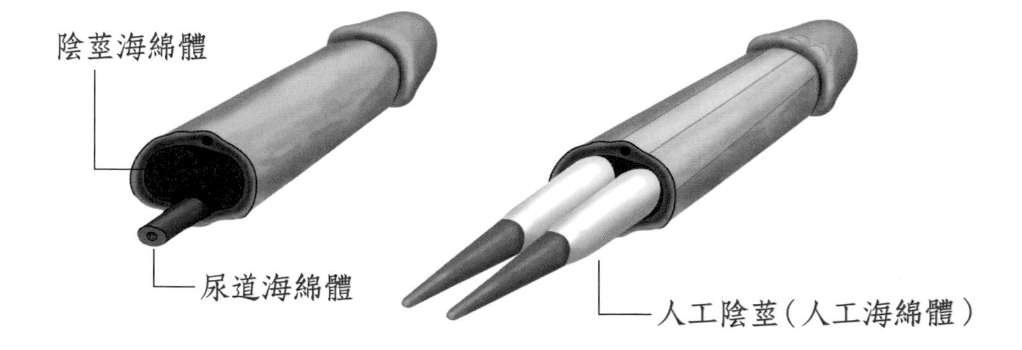

2.充液式陰莖假體

可充液式陰莖植入物使用泵系統，植入下腹部的小水庫中的鹽水通過手動壓力泵移動到小泵中，小泵與安全閥位於陰囊中，然後將鹽水泵植入陰莖桿中的雙側腔室，取代非功能性或功能最低的勃起組織，經手操作產生勃起。患者接受充液式人工陰莖植入後，90%～95%能達成適合性交的勃起。

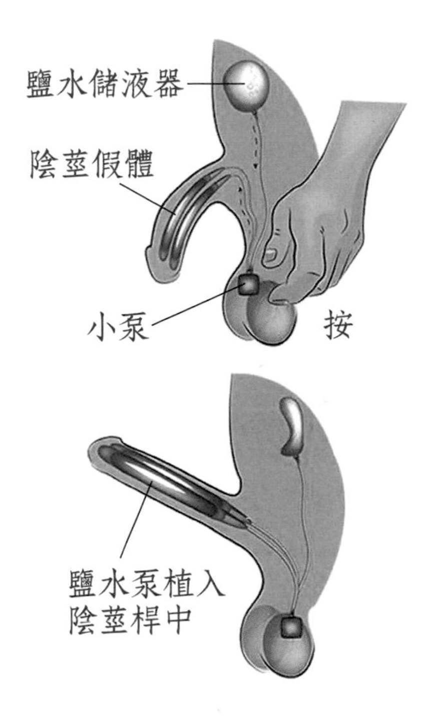

不論植入哪一種人工陰莖，假體主要受雙層白膜的保護，特別是較強的外縱向層，且由於龜頭中有遠端韌帶而能保留射精能力。

術後多數病人不會有太大的疼痛，傷口完全癒合需要1週的時間，2～4週後可開始練習操作人工陰莖，6週後可開始使用。

人工陰莖的相關問題

1.併發症：局部麻醉的併發症包括針扎到血管（13.9%）、暫時性心悸（5.8%）、擴張海綿體時疼痛（10.2%）、加強注射劑量（14.6%）等。

2.陰莖縮短：這是大多數患者對人工陰莖手術不滿意的原因，一般覺得手術後陰莖縮短約2cm，但研究顯示，術後將陰莖拉長測量，實際損失的長度平均不超過1cm。事實上，陰莖長度並未因手術變短，多是因這些病患有一段時間沒有完全勃起，因組織失去部分彈性而造成陰莖縮短的假象；另外，人工陰莖裝置使恥骨區域變大，遮住陰莖，也會使陰莖看起來變短。

3.勃起週長變小：大部分人工陰莖體可以膨脹並填滿陰莖，達到令人滿意的效果，但如果陰莖內有疤痕組織，便會影響人工陰莖體膨脹，使陰莖看起來較瘦小，但陰莖週長通常並未有實質改變。

4.陰莖外形改變：如果陰莖有一些疤痕組織，可能會出現陰莖部分彎曲或凹陷的情形。人工陰莖植入後通常會使內部組織膨脹，這些畸形可以矯正，過程需時約6～9個月。

5.人工陰莖機械故障：通常是由於陰囊內管線經反覆機械性操作，導致折斷而產生裂縫，造成液體滲漏，但此液體為無菌生理食鹽水，很容易被身體吸收，不會疼痛，也不會有健康疑慮，只是人工陰莖裝置無法再勃起。

6.調水泵問題：包括調水泵難開關、調水泵位置改變等，這是手術癒合過程中造成的變化，可再行手術調整調水泵位置。

7.陰莖組織侵蝕或人工陰莖體破出：如果陰莖前端組織較脆弱，無論是以前的陰莖內部疾病或手術的結果，人工陰莖體可能移位穿破龜頭皮膚或進入尿道，出現這種情形需立即就醫，以避免感染。

8.疼痛：因感染發炎的疼痛需立即就醫，一般術後疼痛可口服止痛藥控制，通常術後4～12週可完全緩解；要避免疼痛，建議術後前幾天儘量少走動，可使傷口快速癒合、減少腫脹及疼痛。

9.感染：屬嚴重併發症，通常需移除受感染的人工陰莖，移除後先治療感染的區域，等感染區域的組織癒合好、恢復健康（1.5～6個月），再重新植入新的人工陰莖；若延遲植入新的人工陰莖，可能遭遇陰莖組織結疤太嚴重而無法手術的困難，或是陰莖縮短、外形改變、感覺喪失等問題。

10.腫脹和瘀血：陰莖、陰囊或鼠蹊部可能會有局部腫脹和瘀血，通常不需處理，1～3週內會消退。

11.出血及血腫：如果發生陰囊血腫要多休息，血腫會逐漸被身體吸收；如果血腫變大或造成疼痛，就需要動手術清除血塊。

12.感覺喪失：一般情況，植入人工陰莖後達到高潮的感覺與自然勃起是一樣的，但有些病患可能需要較長的時間才能達到高潮，這通常是因為病患只要啟動壓力開關，無需前戲就可勃起，所以需要花點時間慢慢感覺，才能達到高潮。因此，植入人工陰莖後要享受完整的性體驗，適當的前戲刺激是很必要的。

不論什麼原因，如果移除人工陰莖，病患將無法再維持勃起。

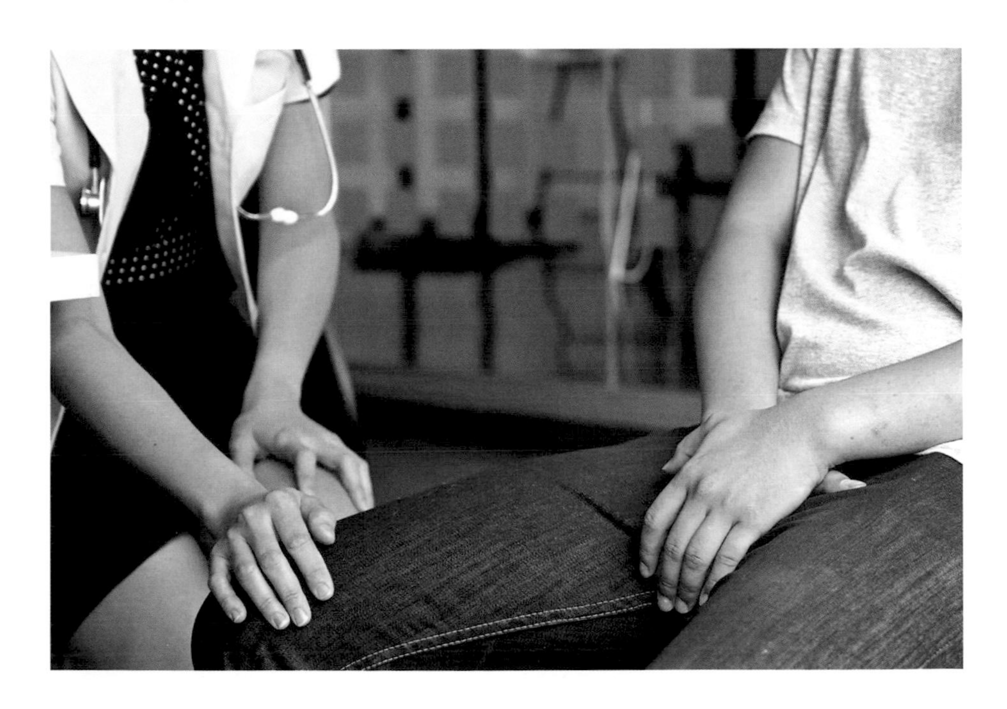

攝護腺肥大

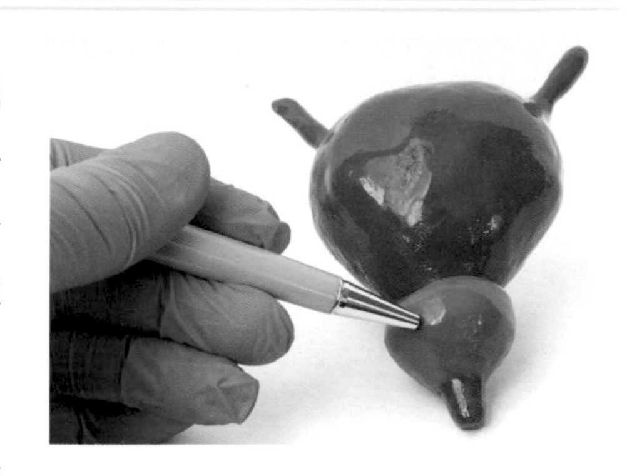

攝護腺是一個腺體器官，屬於男性生殖系統的一部份，位於膀胱正下方、直腸前方，約為一個核桃大（20公克），通常會隨著年紀增加逐漸增大。

男性尿道穿過攝護腺正中，所以當攝護腺腺體隨年齡增加而逐漸變大，或是攝護腺腺體的肌肉受到刺激而收縮時，就會壓迫中間的尿道導致膀胱出口阻塞，造成小便不通暢的情形。

良性攝護腺肥大多數是因性荷爾蒙不平衡及年紀漸增所引起，根據統計，台灣50歲以上男性約有40%～50%的人有攝護腺肥大的情形，60歲以上男性則有半數有攝護腺肥大。

●常見的攝護腺檢查

1.肛門指診：醫師用塗抹潤滑劑的指診手套從肛門伸進直腸觸診，可檢查出攝護腺大小、是否有硬塊，及是否有癌變。

2.腹部超音波：檢查直腸攝護腺部位，觀察是否有異狀，可早期發現身體各器官的病變。

3.經直腸超音波：從肛門深入超音波探頭，貼近攝護腺觀察，以評估攝護腺體積、是否有癌變，以及精準設定切片位置。

4.攝護腺非特異抗原（PSA）血液篩檢：PSA由攝護腺的上皮細胞

分泌，只要攝護腺有任何病狀，其數值都會上升。PSA上升比指診摸到硬塊的時間提早5年，可幫忙早期診斷攝護腺癌。

●良性攝護腺肥大的症狀

1.阻塞性症狀：

- 小便必須等一陣子才能解得出來。
- 尿流變細且微弱無力，有時會中斷，要分好幾次才能解完。
- 小便解不出來，或需用力解尿。

2.刺激性症狀：

- 解完小便後還會留下一些無法解乾淨的餘尿。
- 常會尿急甚至無法控制而流出尿液。
- 老覺得膀胱裡的尿液沒有排空，小便後仍覺得有尿意。
- 小便次數增加，尤其是晚上必須起床上廁所超過2次。

良性攝護腺肥大

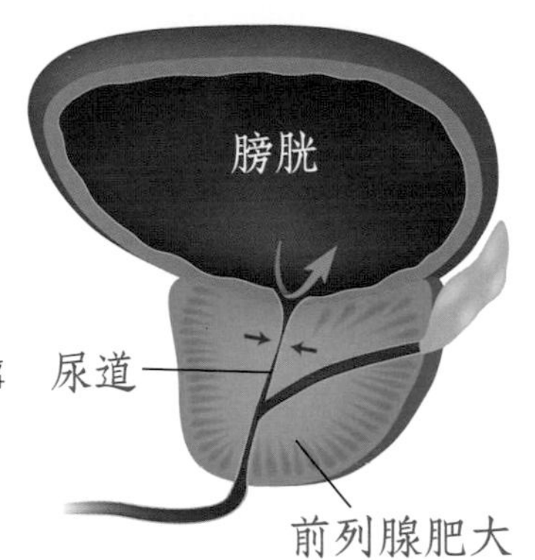

尿道易阻塞小便不順

●攝護腺肥大的治療方法

初期：如果排尿功能正常且餘尿不多、沒有尿路發炎就無須治療，但需每年追蹤，以檢查攝護腺肥大的進展狀態。

藥物治療：大部份病人可藉由藥物治療獲得改善，但藥物可能需長期服用，一旦中斷，可能出現排尿困難的情形；另外，有些藥物會有降血壓作用，血壓偏低的患者應與醫師討論並小心使用。

手術治療：主要是針對藥物治療效果不好，反覆性尿滯留、反覆性泌尿道感染、反覆性血尿，及合併有膀胱結石的患者，最常使用的手術是以內視鏡經尿道刮除攝護腺。

●攝護腺保健之道

近年攝護腺疾病有年輕化趨勢，要避免過早出現攝護腺疾病，建議男性應該從年輕時就開始保養攝護腺。

1.50歲以上男性，每年至少做1次肛門指診及攝護腺特殊抗原（PSA）抽血檢測。

2.不要憋尿，避免膀胱承受太大壓力。

3.戒菸、少飲酒、減少食用辛辣食物。

4.減少食用高脂肪、高膽固醇食物及咖啡、濃茶。

5.多食用種子類食物、堅果、水果、牛奶及黃綠色蔬菜，可減少便秘，避免直腸壓迫攝護腺。

6.規律的運動及睡眠可以保持身心健康，強化免疫力。

7.適量攝取含鋅食物。攝護腺液中含有高量的微量元素鋅，臨床研究發現，攝護腺炎或攝護腺癌患者體內鋅含量明顯低於健康的人，所以，補充鋅有助預防攝護腺相關疾病，富含鋅的食物包括牡蠣、南瓜子、蛋、全穀類或堅果類等。

8.適量攝取含硒食物。硒能促進體內抗氧化能力，還參與了攝護腺的新陳代謝作用，有助抑制攝護腺腫瘤的生長，含硒食物包括大蒜、洋蔥、綠花椰、黃豆、黑豆、鮪魚、香菇、芝麻、全穀類食物等。

9.屬於抗氧化劑的茄紅素對攝護腺具有保健功效，可減緩攝護腺肥大及預防攝護腺癌，茄紅素多存在於番茄、西瓜、櫻桃、柿子、木瓜等蔬果中。

10.適量攝取黃豆等各種豆類，這類食物富含大豆異黃酮，可抑制攝護腺組織增生，減緩攝護腺肥大症狀。

11.多喝水，每天至少飲水1800～2400cc，水分過少、尿液濃度太高，都會增加對攝護腺的刺激；若已有攝護腺肥大的情形，夜間要減少喝水，避免夜尿太頻繁。

12.按摩外陰部。

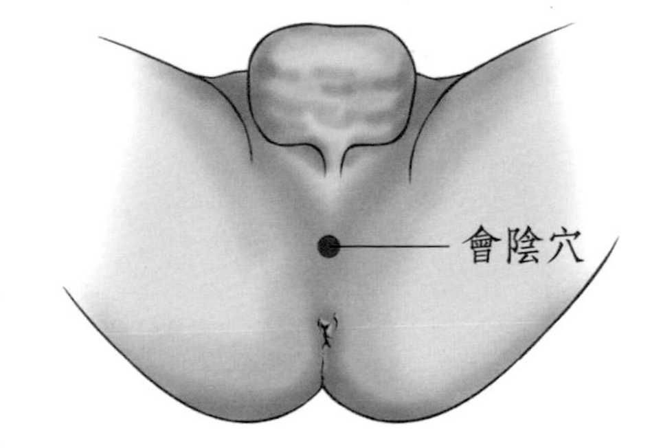

• 經常按摩會陰穴（如右圖，約在前陰與肛門的中間，也是任督二脈的交會點），可改善頻尿、尿急、小便不順等症狀，同時可預防攝護腺發炎、攝護腺肥大。

• 洗澡時採蹲姿（這樣能更清楚感受會陰部的酸脹程度），以溫水沖洗會陰部位，從陰囊根部、會陰到肛門口之間，之後再進行外陰部按摩。按摩時，先輕按壓睪丸，若有些微的酸脹感要稍加使力揉按，直到產生微微發熱的感覺；接著，從腹股溝到會陰部，以打圈圈的方式按壓，將筋結或酸脹揉開。

13.若排尿情形出現改變，應立即就醫，勿擅自服用來路不明的藥物或保健品。

●攝護腺肥大還「行」嗎？

許多上了年紀的男性深受攝護腺肥大之苦，不是擔心攝護腺肥大影響性功能，就是煩惱用藥、手術後會讓自己不舉，以下說明攝護腺肥大的治療方式及對性功能的影響。

口服藥物

1. α 阻斷劑：可改善攝護腺肥大所產生的症狀，但無法讓攝護腺縮小，不會影響性功能。

2.利用酵素阻斷睪固酮的作用：可讓肥大的攝護腺縮小，但由於阻斷睪固酮的作用，有可能出現性慾低下的情形。

手術

手術治療最容易造成的性功能障礙包括勃起功能障礙及逆行性射精。一般來說，傳統手術術後約20%會出現勃起功能障礙，雷射手術因熱能穿透力有限，破壞性相對少一點，造成勃起功能障礙的比例比較少。

若是因攝護腺癌而接受根除性手術，神

經、血管方面破壞的範圍更大，影響的程度會更明顯。

攝護腺癌術後引發的勃起問題及治療方式

攝護腺癌手術後最常發生的性功能問題是勃起困難，據統計，有六成患者術後會經歷程度不一的勃起功能障礙，一般需要經歷數週或一年以上的恢復期；另外，有些人術後會發生俗稱空包彈的無射精高潮，也可能出現陰莖縮短與性慾低下的情形，高潮後無射精是攝護腺癌手術無法避免，但無射精並不會影響身體健康。

目前手術對於尚未侵犯包膜外的攝護腺癌患者可以做到神經血管叢保留，以利術後勃起功能的恢復，不過傳統開腹式手術出血量較大，術野又深，因此不利於精細的神經血管叢保留操作，若採達文西機械手臂輔助手術，術後1年內勃起功能恢復的機會是傳統手術的1.41倍，因此利用機械手臂輔助進行神經血管叢的保留，較能減少患者術後的勃起功能障礙。

關於術後的復健，研究顯示，使用真空吸引器合併口服藥物比單用口服藥物效果要好，且提早使用比延遲使用效果好。

低能量震波也被證實是攝護腺癌術後幫助恢復性功能的有效方法，它是利用機器經由震波探頭傳遞震波，平均施打於陰莖海綿體的六個不同位置，低能量震波會造成細胞微創傷，增加局部發炎反應，聚集內皮原始細胞來促進新生血管生成。

早洩

●早洩多為心理而非生理疾病引起

早發性射精俗稱早洩，指性行為時男性射精過早，以下三個條件只要符合一項，即稱為早洩：

1.陰莖進入陰道內開始性動作一直到射精的時間太短。

2.無法利用意識來有效控制射精。

3.因性行為時過早射精造成心理上的負面影響，如挫折、沮喪等。

原發性早洩與續發性早洩的差別僅在於射精時間，前者為小於1分鐘，後者為小於3分鐘。

一項針對約5千名亞太地區男性的研究指出，31%的受訪者患有早洩，其中多數為心理而非生理疾病所引起，很多患者以為早洩會自然改善而默默忍耐，其實早洩不但可治療，且效果良好。

●常見治療方法

1.心理治療：增強與性伴侶在性方面的溝通和技巧、處理與性伴侶的衝突和在性行為上的問題、提高自信心、減低對性行為表現的焦慮。

2.停止再刺激法：將要射精時儘快停止刺激陰莖，等興奮程度減低後再次刺激，此動作可在射精前重覆做3～4次。

3.擠壓法：將要射精時儘快用大拇指與食指稍用力擠壓陰莖前段靠近龜頭處，等興奮程度減低後再次刺激，此動作可在射精前重覆做3～4次。

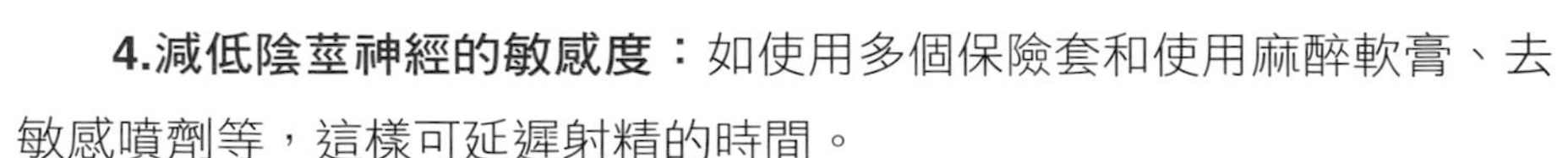

4.減低陰莖神經的敏感度：如使用多個保險套和使用麻醉軟膏、去敏感噴劑等，這樣可延遲射精的時間。

5.口服藥物：過去以服用抗憂鬱藥物來延長射精時間，但從2014年起，用來治療早洩的藥物「必利勁」已核准上市，其療效平均可延長射精時間為原來的3～4倍，效果好且副作用低，已成為治療早洩的主流方式。

第二篇 睪固酮

CH5

男人的不老秘訣——睪固酮

睪固酮濃度降低讓男人失去活力

在男性荷爾蒙中，睪固酮是最重要的一種，它可以增進肌肉量與強度、改變體脂肪的比率與分布、維持骨密度等，對健身愛好者來說，它還是增肌減脂的夢幻補充品。

睪固酮是維持男人第二性徵的性荷爾蒙，男性進入中年後，隨著年齡增長，體內的睪固酮分泌量會逐漸減少，若濃度降至300ng/dl以下，醫學上稱為「性腺功能低下症（hypogonadism）」，一般

以「男性更年期」作為統稱。

根據統計，國內40～80歲男性每3～4人就有1人為睪固酮分泌不足，但因為人體對睪固酮血中濃度低下的耐受度存在個別差異，所以臨床將350～250ng/dl視為模糊地帶，若未感到不適，暫不需使用藥物治療，若是濃度降至250ng/dl以下，就必須接受睪固酮補充治療。

睪固酮濃度降低是漸進式的，正常男性在30歲以後睪固酮濃度每年會以平均1%的速度減少。睪固酮濃度降低會讓人失去活力，且隨之而來的往往是脂肪堆積及容易疲累，但透過適當外源性補充，睪固酮濃度可重新回到健康水準，身體代謝能力變好，就能使體脂肪減少、肌肉變多。

根據統計，男性過度肥胖者約有52.4%，第二型糖尿病患者約有50.5%，而高血壓、高血脂或代謝症候群患者皆超過40%的人有睪固酮濃度偏低的問題。

睪固酮主要由睪丸製造，並由腦下垂體從上游調控體內睪固酮的製造與代謝，其作用包括：

1.調節男性性慾及生殖功能

2.增進肌肉量與強度

3.改變體脂肪的比率與分布

4.維持骨密度

5.促進紅血球製造

6.刺激體毛生長

長知識

圖／翻攝自Jeffry Life BP

因高齡仍保持健美身材而聞名的美國籍醫師/作家傑佛瑞·萊孚（Jeffry Life），在50幾歲時驚覺體態出現變化，於是花了一年時間去健身房做訓練，但他發現就算努力健身也無法繼續維持美好的體態，由於自己就是醫師，加上專業健身團隊的評估，他每週注射睪固酮及加強健康管理，萊孚醫師如今已高齡80多歲，依然擁有媲美男模的堅實身材。

睪固酮低下=男性更年期？

睪固酮低下的原因大致可分為以下兩類：

早發型：屬於先天性疾病，主要是患者本身的內分泌系統出了問題，例如：腦下垂體異常，無法正常分泌激素刺激男性荷爾蒙，患者往往很年輕就出現睪固酮過低的情形。

晚發型：指體內睪固酮的分泌隨年紀增加而下降，因血液睪固酮濃度下降到低於標準值而造成身體出現不適症狀，這類型發病因與年齡增長相關，一般出現在40歲以上的男性，因此也被稱為「男性更年期」。

這類型的睪固酮低下不但會影響性慾，精蟲的製造也會變少，還可能出現失眠之類的精神症狀；而除了年齡因素之外，一些研究報告也指

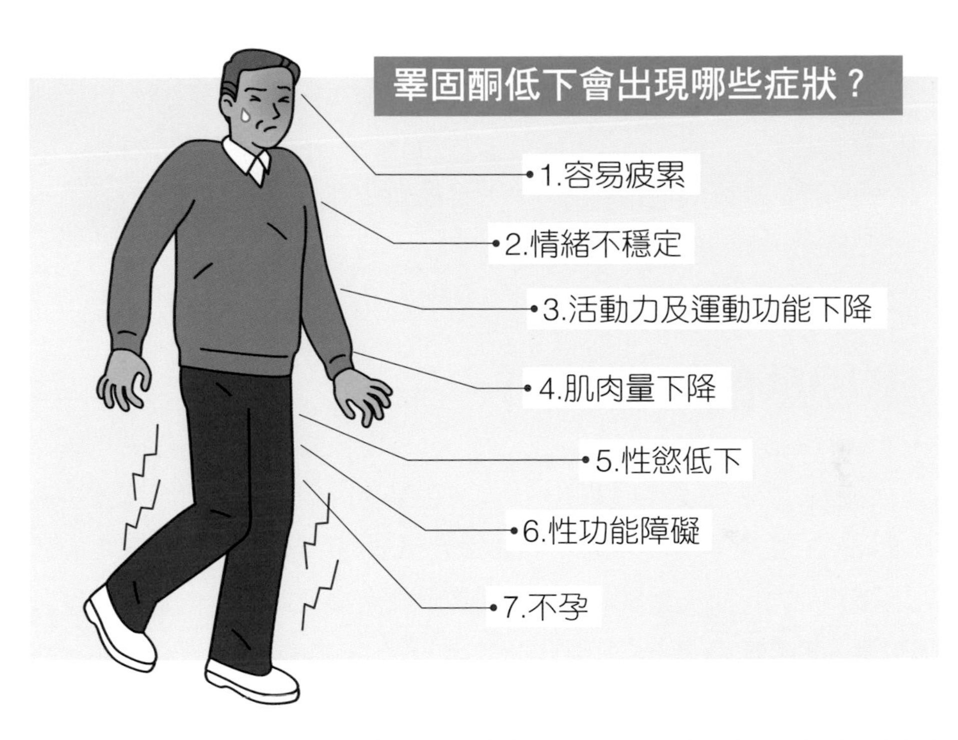

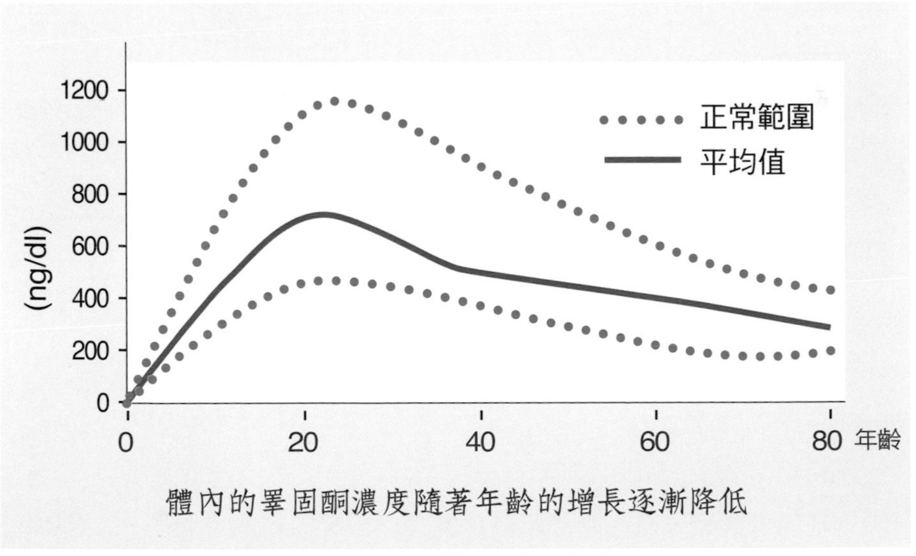

體內的睪固酮濃度隨著年齡的增長逐漸降低

出，晚發型睪固酮低下與肥胖症、糖尿病、血脂過高等代謝症候群有強烈相關。

這些症狀通常是漸進式的，有時症狀也沒那麼明確，因此很多患者都認為自己只是「年紀大了，體力變差」，而沒有去尋求醫療協助。

睪固酮的影響持續一生

睪固酮大部分由睪丸製造，少部分由腎上腺製造，影響多個器官系統功能，它主宰了男性青春期的第二性徵表現，對於男性的情緒、活力、認知能力、肌肉質量及強度、新陳代謝、心血管健康、骨質密度、性功能及生育能力等，也都有正面效應。

0～30歲

胚胎期：可促進胚胎期的性別分化

成長期：促進生長，增加蛋白質同化作用

成熟期：促進並維持男性特徵（體毛生長、體形強健、聲音低沉）

生育期：促進生殖功能

30歲以後

- 維持生殖功能及性功能
- 維持肌肉力量及體力
- 維持骨骼強度
- 維持精神健康及情緒穩定
- 維持新陳代謝系統（胰島素、葡萄糖、三酸甘油脂、鐵蛋白）運作

男性更年期補充睪固酮的優點	
性功能	提升性功能、性慾、性滿意度及性行為能力
第二性徵	恢復第二性徵，如肌肉組織、鬍鬚、體毛、陰莖
骨骼健康	改善骨質密度並預防骨質疏鬆
生長激素濃度	在老年人體內維持正常生長激素濃度
心血管健康	可降低心血管疾病風險
生育能力	使睪固酮低下症患者恢復生育能力

睪固酮不足可能喪失性慾

睪固酮是男性活力的泉源，睪固酮不足對男性身心的影響極大，主要有三方面：

1.心理層面：情緒和認知功能障礙，如沮喪、焦慮、易疲勞、注意力不易集中、工作能力下降、失眠等。

2.生理層面：如活力下降、體力衰退、新陳代謝異常、肌肉質量降低（瘦肉組織減少）、肥肉組織增加、骨質疏鬆等。

3.性功能：如性慾減退、勃起功能障礙、生育能力降低等。

男性更年期是一個不算短的時期，過程中最明顯的變化應該是性能力的轉變。人類大腦內有睪固酮接受器，睪固酮會影響思考和行為模式，有些和性行為有關，可以組織並控制性思想和行為，睪固酮不足即可能喪失性慾。

睪固酮在男性性行為中扮演很重要的角色，不僅作用在大腦的性中

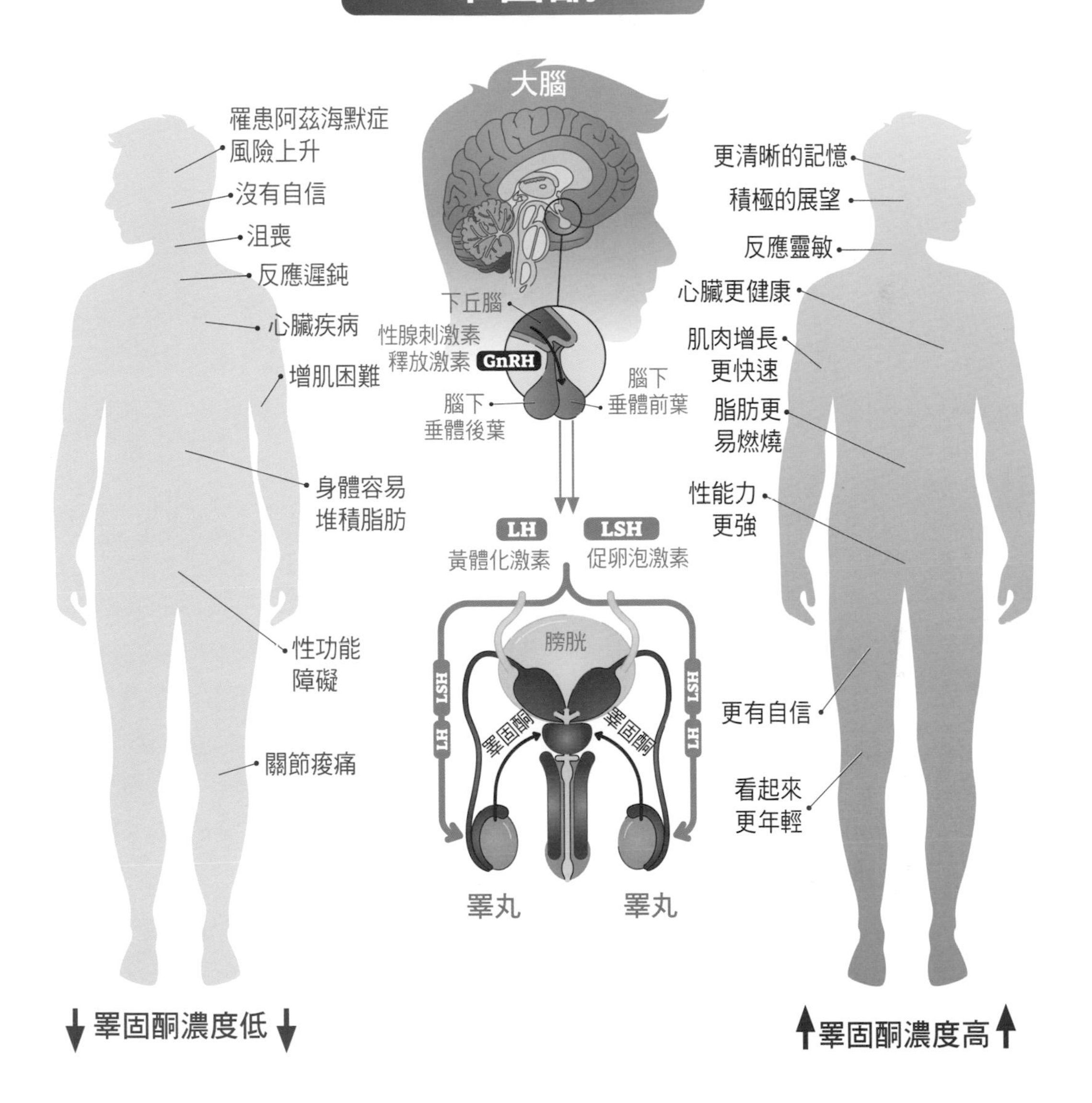

睪固酮
大腦
罹患阿茲海默症
風險上升
沒有自信
沮喪
反應遲鈍
心臟疾病
增肌困難
身體容易
堆積脂肪
性功能
障礙
關節痠痛
下丘腦
性腺刺激素
釋放激素
GnRH
腦下
垂體後葉
腦下
垂體前葉
LH
黃體化激素
LSH
促卵泡激素
膀胱
LSH
LH
睪固酮
睪固酮
LSH
LH
睪丸
睪丸
更清晰的記憶
積極的展望
反應靈敏
心臟更健康
肌肉增長
更快速
脂肪更
易燃燒
性能力
更強
更有自信
看起來
更年輕
睪固酮濃度低
睪固酮濃度高

樞，也作用在男性的性器官，包括陰莖、睪丸、攝護腺及儲精囊；睪固酮也主管著某些生物體內的化學訊息，這些化學訊息可以控制陰莖海綿體內的血液灌流，造成陰莖勃起，睪固酮不足時這類化學訊息就會減少，而造成勃起功能障礙。

睪固酮不足會使血管失去柔軟彈性

當睪固酮不足，人體無法充分製造一氧化氮（NO），血管便會失去柔軟彈性，血管細胞也會受到氧化壓力的傷害而使血管內壁出現凹凸不平整狀，血液無法順暢流動，陰莖的血管也會因受到傷害而出現勃起障礙。

威而鋼、樂威壯、犀利士等治療勃起功能障礙的藥物，都可以提升人體製造一氧化氮的功能，保護包括腦部、心臟動脈等全身血管，使之不易發生硬化，且能降低自由基的傷害，如果再加上睪固酮的作用效益會更好，也就是說，這類藥物同時具有保養血管的功效，事實上，許多人在使用睪固酮及威而鋼之後，外觀整體真的明顯變年輕了，真可說是一舉兩得！

一氧化氮（NO）是陰莖勃起的關鍵

因為一氧化氮可以鬆弛陰莖的肌肉和血管，當男人性慾產生時，一氧化氮可發揮鬆弛陰莖肌肉的作用，讓陰莖的血管放鬆，使血液能很快注入陰莖內部的海綿體而引發勃起！如果一氧化氮不足，陰莖的肌肉便無法放鬆，就不能順利勃起。

1998年諾貝爾生理醫學獎

傅齊高

伊格納洛

姆拉德

三位美國籍科學家傅齊高、伊格納洛及姆拉德，因發現在心血管系統中起信號分子作用的一氧化氮，獲頒1998年諾貝爾生理醫學獎；他們早在1987年的研究就證實，硝酸甘油脂裡的一氧化氮成份可做為心臟血管系統的信號分子，具有鬆弛平滑肌細胞、防止動脈硬化、抵抗傳染和調節血壓等多重作用。

一氧化氮能夠穿行在人體各組織之間，為細胞輸送養分與氧氣、修復血管內皮細胞、清除血管垃圾，一氧化氮不足時血管便會失去柔軟彈性，是導致動脈硬化、高血壓等病變的原因。

男性如果能提升體內睪固酮濃度，供應身體充足的一氧化氮，不但可以預防血管老化，也可大幅增強陰莖勃起的能力哦！

不想中年發胖，不能缺少睪固酮

30歲以後，男性體內的睪固酮濃度會以每10年10%的速度減少。睪固酮減少不只會讓人「性」趣缺缺，也代表著合成肌肉的效率下降了，且身體裡的雌激素會因為睪固酮降低而升高，讓脂肪變得容易堆積，中年肥胖就是這樣來的！所以，不想中年發胖的話，就得讓體內的睪固酮濃度維持在穩定狀態。

睪固酮不足也會影響體內的新陳代謝，當新陳代謝變差，三高（高血糖、高血脂、高血壓）及肥胖病患的病情會較難控制。治療這些疾病除原來該有的醫療措施外，患者若同時存在有睪固酮不足的問題，適當補充睪固酮有助於控制疾病，同時能降低罹患心血管疾病的風險、改善骨質密度，因此全球對於老年疾病的治療也開始注意患者血中睪固酮濃度不足的問題。

此外，頻尿、殘尿感等排尿問題，與勃起功能障礙、憂鬱症等都有

長知識

為什麼威而鋼不能和高血壓及心臟血管藥物一起服用？

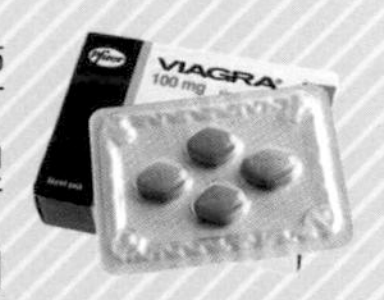

威而鋼的作用是讓血管周圍的平滑肌放鬆，使血管管徑擴大，治療高血壓及心臟血管藥物的藥理作用也同樣是讓血管放鬆擴大，如果這兩類藥物和威而鋼同時服用，藥效會出現加乘效應，作用過激會造成組織灌流休克，尤其服用硝化甘油（救心）或硝酸鹽類藥物時若與威而鋼併用，可能造成全身性血壓降低，恐引發致命的危險！所以，有不穩定的心絞痛及嚴重心臟病、頸動脈疾病的患者，嚴禁使用威而鋼。

非常緊密的關係，臨床上，只要解決勃起功能障礙、憂鬱症、排尿問題當中的任何一項，其他兩個問題的症狀常會隨之獲得改善。

生活壓力使「舉弱男」年輕化

罣固酮是男性活力的來源，根據醫學機構分析2015～2017年間851位健檢男性的男性荷爾蒙資料顯示，台灣男性睪固酮偏低有逐年攀升的現象，三年來竟增加2.8倍，依2017年的數據顯示，每4位男性就有1位有睪固酮偏低的情況。

服用威而鋼使男人氣色變好，愈顯年輕

威而鋼的作用是使血管擴張，這不只作用在陰莖，也同時作用在全身及臉部的微血管。有男性長期在做愛時使用威而鋼，朋友發覺他容貌變年輕了，不只臉部氣色變好，膚質也更細嫩了，原因是末梢血管的血流變順暢，氧氣和營養能充分供應給皮膚，堪稱是服用威而鋼壯陽的意外收穫。

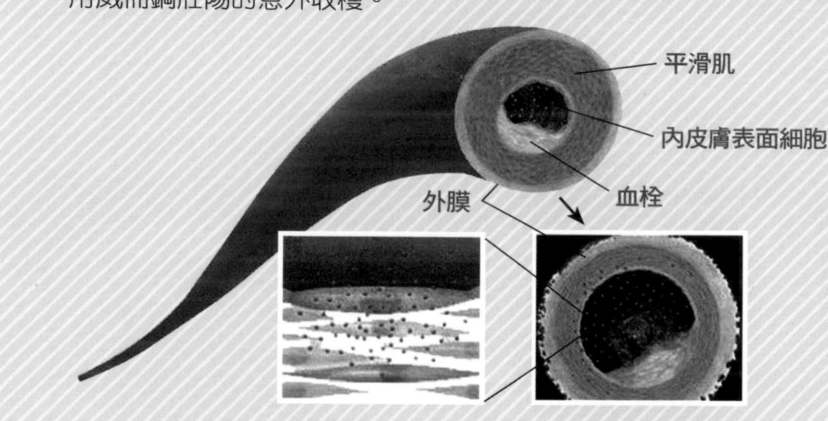

硝基甘油供應一氧化氮（綠色）可鬆弛血管。

睪固酮會隨著年齡增長而逐漸下降，通常40歲之後會開始出現不足的現象，也因此常被年輕男性所忽略，而睪固酮低下的情形不僅越來越普遍，甚至有年輕化的趨勢，這主要是受到「壓力」和「肥胖」的影響，現代人生活壓力大，再加上飲食習慣不佳，導致國人男性荷爾蒙偏低的問題日益嚴重。

脂肪堆積會妨礙睪固酮合成，睪固酮降低又會造成脂肪堆積，形成惡性循環，且睪固酮分泌不足還會影響性功能，造成年紀輕輕就成為「舉弱男」。

臨床甚至有20多歲的年輕人即出現睪固酮分泌不足的案例。有位20出頭的大學生，這年紀本該是活力充沛，沒想到他卻整天無精打采，做什麼事都提不起勁，經過全身健檢和男性荷爾蒙檢測，才發現是睪固酮不足惹的禍！

正常來說，20多歲應該處於睪固酮分泌的高峰期，但這個患者的睪固酮卻是正常數值的低標，甚至還低於一般中年男性，推究其原因，原來患者的BMI值高達31.4，顯示過重，且他又有重度脂肪肝，為代謝症候群患者，典型因肥胖導致睪固酮偏低，所幸經過運動調整後睪固酮指數明顯回升，讓他重拾年輕活力。

睪固酮不足雖有年輕化趨勢，但有這些現象未必是提早進入更年期，有許多情況是受到外在環境影響，例如生活壓力過大，生活作息受到影響，睡眠不足、缺乏運動、飲食不均等。

輕壯族群睪固酮不足只要從改變不良習慣，例如戒菸、少碰酒精性飲料、不熬夜、睡眠充足；補充足夠的蛋白質，礦物質（尤其是鋅、鎂）與維生素B群、維生素A、維生素C、維生素E、維生素D、茄紅素等；加上每天20～30分鐘中等強度的戶外運動，就有機會讓睪固酮分泌恢復並維持正常數值，幫助自己把老化的速度放慢，享受更多年輕活力。

CH6

睪固酮不足的症狀與治療

自21世紀開始，代謝症候群漸受到醫界重視，才發現許多慢性病包括高血壓、糖尿病、心血管疾患、肥胖等疾病之間的關連性，醫界也發現睪固酮缺乏和代謝症候群之間的關聯，少了睪固酮將導致胰島素抗性增加、中央型（腹部）肥胖等，因此勃起功能障礙與睪固酮低下均可視為代謝症候群的一環。

睪固酮低下如何診斷？

睪固酮血中含量的標準值為300～320ng/dl，若血液中睪固酮濃度低於標準值，再加上出現相關症狀，可診斷為睪固酮低下，需特別注意的是，睪固酮檢測的抽血時間必須在早上11點以前，檢測結果才會準確。

如何評估自己是否為睪固酮不足？

男性年過40之後，若常覺力不從心、體力變差，疲倦、沮喪，有性慾減退、勃起功能障礙等症狀，就有可能是睪固酮不足（低下）導致的男性更年期症狀。美國聖路易大學的問卷常作為睪固酮低下患者的初步篩選。

下述問題中，如果第1或7題回答「是」，或其他8題有任3題回答「是」者，就需進一步確認是否為睪固酮低下症。

經自我評估量表檢測懷疑有睪固酮低下症，可再做抽血檢查，若睪固酮濃度低於標準值，即可診斷為睪固酮低下症。

男性荷爾蒙低下自我評估量表

□是 □否 1.您是否有性慾（性衝動）降低的現象？

□是 □否 2.您是否覺得活力較以往降低？

□是 □否 3.您是否有體力變差或耐受力下降的現象？

□是 □否 4.您的身高是否有變矮？

□是 □否 5.您是否覺得生活變得比較沒樂趣？

□是 □否 6.您是否常覺得悲傷或沮喪？

□是 □否 7.您的勃起功能是否變得較差？

□是 □否 8.您是否覺得運動能力變差？

□是 □否 9.您是否在晚餐後、上床前有打瞌睡的情形？

□是 □否 10.您是否有工作表現不佳的現象？

哪些人比較會有睪固酮低下的問題？

1.老年：睪固酮會隨著年齡增長而減少。

2.肥胖：BMI過高（>24.5）或腰圍愈大（>94公分）的男性睪固酮濃度較低。

3.不健康的生活形態：吸菸、酗酒、藥物濫用、熬夜或壓力大，都可能造成睪固酮濃度降低。

4.慢性疾病：高血壓、高血脂或糖尿病等慢性病患者除了睪固酮不足的風險較高，也比較容易發生勃起功能障礙；另外，罹患憂鬱症、冠狀動脈疾病、動脈硬化疾病、週邊血管疾病的病患，合併勃起功能障礙的風險也比較高。

睪固酮低下的治療

若經診斷為睪固酮低下，建議從生活習慣進行改變，包括：培養運動習慣、健康的飲食、戒菸，再配合醫療上的睪固酮補充，可達到最佳的治療效果。根據研究，經睪固酮補充治療的患者，不管在生活機能、心理健康、性功能表現、身體肌肉占比等各方面皆可獲得顯著的改善。

一般而言，血液中的睪固酮濃度低於300ng/dl，加上有明顯症狀者可接受睪固酮補充治療；或是睪固酮血中濃度雖然高於300ng/dl，但不

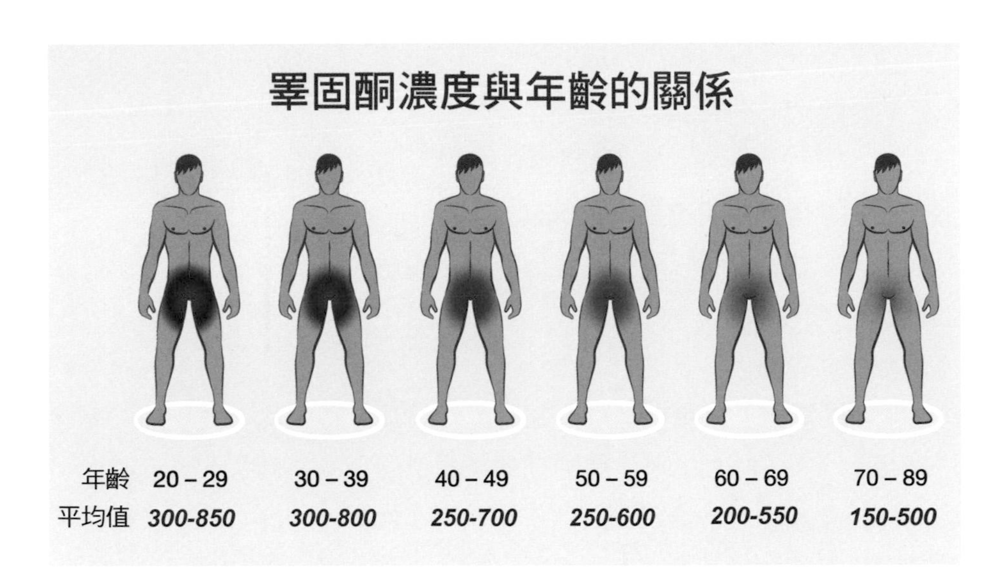

適症狀明顯者也可接受治療。治療的目標設定在提升睪固酮濃度至400～600ng/dl。

男性更年期障礙的主要症狀多是因為睪固酮濃度下降所引起，所以治療男性更年期障礙相關症狀的方式就是補充睪固酮，但必須在抽血檢驗患者血中睪固酮且經確診為男性荷爾蒙不足後才可採取此治療方式，勿擅自補充。

治療以針劑注射效果最快

不論是先天或後天造成的性腺功能低下，男性50歲以後適量補充睪固酮好處多，包括可降低體脂肪、減少腰圍、降低體重，還可幫助血壓和血糖維持穩定。

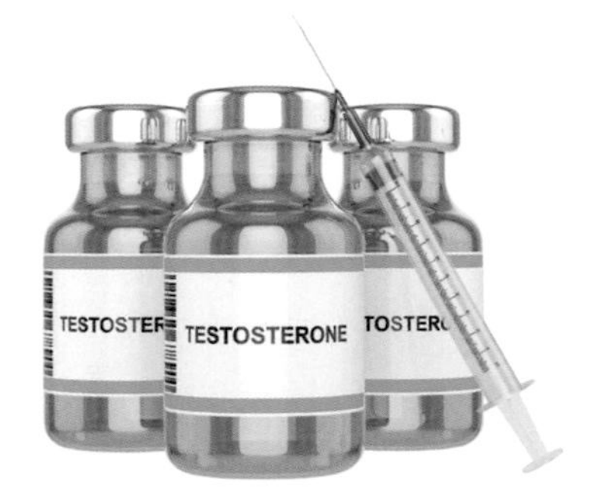

補充方式及優缺點說明如下：

1.針劑注射：有3週及3個月兩種劑型，一般建議剛開始先接受3週劑型，因其作用時間較短，如有副作用可立刻停藥；3週型補充一段時間，體內睪固酮濃度穩定之後再改成3個月一次的長效劑型。

針劑的缺點是睪固酮濃度起伏較大，如果注射期中有特殊狀況而立即停止使用，需等候一段時間才能讓藥物血中濃度逐漸下降，無法立即降低藥物血中濃度。

2.口服藥物：口服劑型雖然方便，但因其含有甲基結構，藥物需經肝臟代謝，長期使用會有肝臟損傷的疑慮，肝功能不佳者不建議使用；且口服藥物於腸道快速吸收後也在肝臟快速代謝，因此不足以維持腺體功能退化患者所需的穩定血中濃度。

3.陰囊貼片：睪固酮經皮膚貼片給予，每日使用1次，使用方便，但可能造成皮膚不良反應及有易脫落等缺點。

4.塗抹凝膠：模擬每天睪丸正常分泌量，藥效較穩定且不易造成肝腎負擔，每日使用1次，藥性相對較安全，可快速提升及維持睪固酮血中濃度，是常用的治療方式。使用時間以早上較佳，使用部位需參考個別產品之建議，用畢須將雙手徹底洗淨，在凝膠完全乾燥前避免碰觸塗

補充睪固酮後預期改善效果

3個月：增強性慾、改善勃起功能障礙、增強活力、改善情緒低落

6個月：增強身體力量、增強骨密度、提高認知能力、強化心血管健康、減少體脂肪、提升代謝效率

抹處，並保持乾燥至少5小時，副作用是有些人會出現皮膚塗抹部位紅斑、粉刺、皮膚乾燥等不良反應。

常用的睪固酮補充療法（TRT）製劑

1.口服的恩賜特（Andriol）軟膠囊：為處方藥，其賦形劑為親脂性溶劑，經腸道由淋巴系統吸收，因此有部分藥劑可避免肝臟首渡效應代謝的影響而失去活性，所以藥效較穩定，對肝臟影響也比較小。

2.持效睪丸素注射液（Depo-testosterone）：注射至體內只有部分的藥物會進入肝臟首渡效應被代謝排出，所以身體可利用率高於口服藥，藥效發揮的時間也比較迅速，藥效濃度穩定度高，對肝臟影響也較小，長期效果及安全性較佳。

3.昂斯妥（Androgel）凝膠：為處方藥，是經皮吸收的外用藥，藥物多半在表皮組織吸收，雖然有部分會進到體循環，但濃度不會太

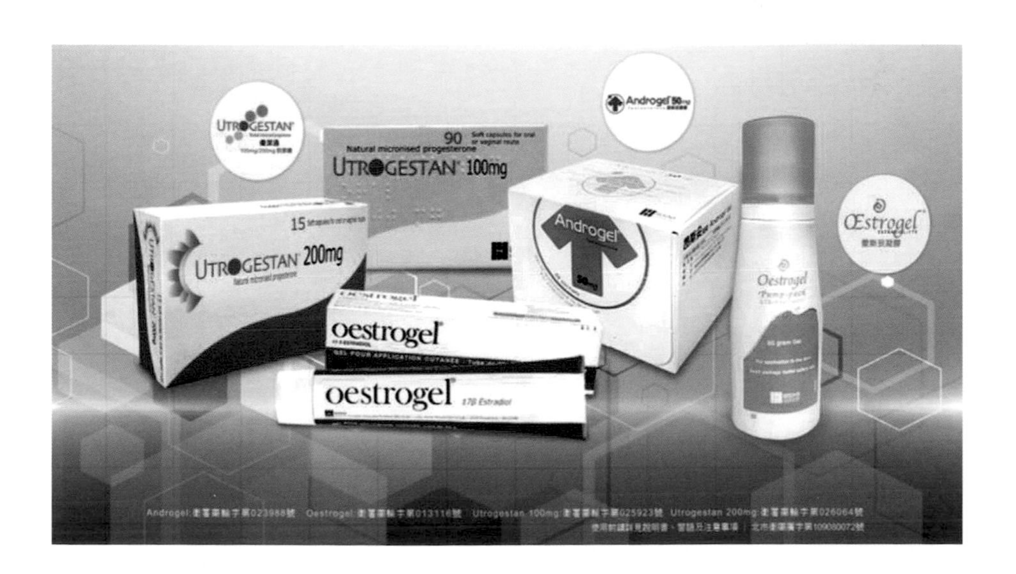

高，受到肝臟首渡效應代謝影響較小。它與其他產品最大不同之處在於可長效吸收，不傷肝臟，更重要的是可維持穩定的血中濃度，藥效持續，使用極方便，安全係數高，不影響前列腺功能，但使用時需注意以下事項：

•每天於固定時間用藥，最佳用藥時間為早上，以模擬人體分泌睪固酮的時間。

•塗抹時以塗膠水的厚度均勻塗抹在乾燥的手臂、肩膀、腹部、大腿內側等部位。

•皮膚於2分鐘左右即可恢復乾爽。

•塗抹完後應立即以肥皂與清水洗手，以免將荷爾蒙透過接觸傳給他人。

•請勿直接塗抹於生殖器，以免微量的酒精成分會造成皮膚過敏。

•塗抹完後6小時內皮膚雖已恢復乾爽，但仍有有效成份尚未完全滲入皮膚，應避免洗澡或游泳。

長知識

什麼是肝臟首渡效應？

大部份的睪固酮製劑經人體吸收後第一關會先到肝臟，並在此被分解，這就是肝臟首渡效應（first-pass effect），首渡效應使得口服劑型的生物可利用率低（只有服用的一小部份發揮作用），所以肝功能不佳的患者須慎用。

4.賜汝蒙（Hi-Reload）：為DHEA（Dehydroepiandrosterone，脫氫異雄固酮）保健食品，人體能自行生合成，是人體最多量的固醇類荷爾蒙，它能轉化成男性荷爾蒙睪固酮（Testosterone）和女性荷爾蒙雌二醇（Estradiol）、雌酮（Estrone），因此DHEA的效用多被認為與這些荷爾蒙有關聯性。

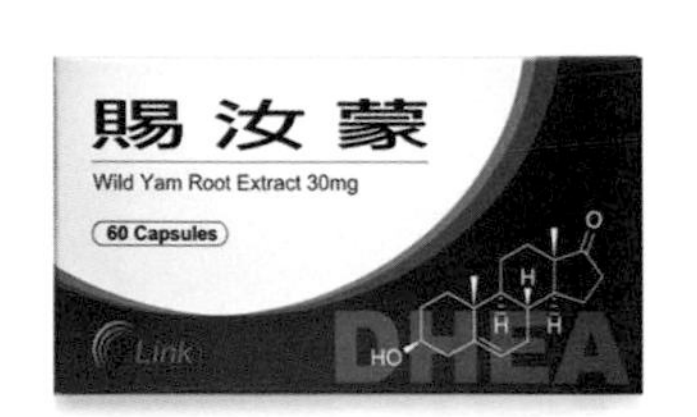

DHEA生成量會隨年齡增長而減少，人體25歲時身體每天大約能製造30mg，在30歲之後開始下降，男性下降速度尤其快，平均每增加10歲下降29%，75歲時濃度僅為青春期的15%～20%。

補充DHEA能改善勃起功能、性交滿意度及性慾，也能改善失智、精神分裂、憂鬱、焦慮等情緒症狀，亦可改善代謝症候群，減少脂肪形成，控制體重，但必須在使用一段時間之後才能看出效果。另有研究發現，DHEA本身也可直接作用於血管內皮細胞，生成一氧化氮擴張血管，有助改善血管性的勃起功能障礙。

醫師的提醒：各種治療方法及藥物都必須在泌尿科及婦產科醫師的診斷及指示下使用。

哪些人需考慮補充睪固酮？

血中睪固酮值過低，且有以下症狀時：

1.出現男性更年期症狀，影響生活品質。

2.勃起功能障礙，以PDE5抑制劑（威而鋼、犀利士、樂威壯）治療效果不佳者。

3.有中央型肥胖、第二型糖尿病，或代謝症候群。

案例一：男性更年期「軟趴趴」，塗凝膠1年重新硬起來

有個患者從事教職多年，長期和青少年孩子們相處，始終充滿活力，但去年初卻漸漸發現自己做事總提不起勁，且情緒低落的頻率越來越高，就醫後確診為睪固酮低下症，也是俗稱的男性更年期症候群，所幸經塗抹睪固酮凝膠治療1年多，已恢復從前的生氣與活力。

案例二：定期打針補充睪固酮，70歲還是「一尾活龍」

一名70歲患者，長期覺得提不起勁，臉色蒼白、渾身乏力，經抽血檢查，發現睪固酮濃度偏低，加上症狀吻合，確診為男性更年期。經定期打針補充睪固酮，每次打完針就宛如「一尾活龍」，治療3年以來，效果很好。

補充睪固酮有哪些常見副作用？

1.血比容增加：由於睪固酮會刺激紅血球的生成，使得血液變得比較濃稠，而這會提升些許血栓與中風的風險。

2.皮膚容易出油及青春痘增加：因睪固酮刺激皮脂腺的結果。

如果有以上症狀，建議減量用藥或是停藥，待不適症狀減輕或消除後，再評估是否恢復用藥。

血比容或稱血球比容(HCT)，是指紅血球在血液中所占的比例，此數值可反映紅血球狀態；男性正常值40%～54%，女性為38%～47%。

補充外源性睪固酮會讓睪丸變小？

這是真的！要增加體內睪固酮最快的方法是直接服用甲基睪丸素（甲睪固酮），但長期服用會讓男性的睪丸縮小而出現雌性化。這是因為人體在服用甲基睪丸素之後，睪丸會以為不再需要製造睪固酮了，所以就進入休眠狀態，然後慢慢地縮小。因此非必要的話，避免長期服用這類藥物。

哪些人不適合接受睪固酮補充治療？

1.懷疑有攝護腺癌的人。
2.經確診為男性乳癌及轉移性攝護腺癌的患者。
3.未經治療與未妥善控制的攝護腺癌病患。
4.有嚴重因攝護腺肥大引起的下泌尿道症狀患者。
5.患有睡眠中止症且未接受治療的患者。
6.控制不佳的心衰竭患者。
7.仍有生育考量的年輕病患。

補充睪固酮不是越多越好！

適量補充睪固酮可改善倦怠、情緒低落、性慾低下等症狀，但補充睪固酮不是越多越好，因為人體有自動調控荷爾蒙分泌的恆定機制，如果血中睪固酮長時間高於正常生理範圍，反而會壓抑自身的激素分泌，將來一旦停用，睪固酮會降得更低。

補充睪固酮並不會致癌，但如果是已確診罹患攝護腺癌的病人，使用睪固酮會增加癌細胞的生長速度，因此禁止使用；如果每年抽血檢查攝護腺特異抗原（PSA），指數為正常的人則可放心使用睪固酮。

基於安全考量，在接受治療之前，一定要經過專業醫師的評估，且治療後必須接受規律的追蹤。

睪固酮低下與勃起功能障礙

睪固酮低下俗稱「男性更年期」，主要是因為男性體內的性荷爾蒙——睪固酮濃度下降，由於睪固酮低下屬於漸進式發展，所以較不容易引起注意，有些人會感到勃起功能變差或是性慾減退，也有些人抱怨活力降低、體力變差、容易感到悲傷沮喪、或是人變得比較沒元氣等，對這些莫名的生心理變化，許多人感到百思不得其解，其實這些症狀可能都是因睪固酮低下所引起。

睪固酮和勃起功能障礙的關聯如下：

1.睪固酮缺乏可導致陰莖內平滑肌細胞自行退化，且造成海綿體纖維化。

2.睪固酮缺乏會減低神經性一氧化氮的表現。

3.睪固酮低下可減少海綿體內動脈血流的進入和增加靜脈血流的流出。

4.睪固酮低下可增強海綿體內血管和平滑肌對如腎上腺素等受體的刺激，造成血管和平滑肌收縮。

5.睪固酮缺乏會使海綿體受性刺激時因一氧化氮促發之平滑肌放鬆效果減低。

因睪固酮低下造成勃起功能障礙的比率約為7%～35%，而因性腺功能低下造成勃起功能障礙的病人，補充睪固酮最高可有三分之二的有效率，治療過程需密切注意短期、長期可能衍生之副作用，中老年人更要注意攝護腺特異性抗原（PSA）的變化。

睪固酮對男性的勃起功能影響甚大，在補充睪固酮一段時間後，睪固酮能藉由影響骨盆神經、陰莖海綿體、平滑肌及內皮細胞等可能機轉來改善病人的勃起功能，對於症狀較嚴重的患者，合併使用睪固酮補充治療及PDE-5抑制劑藥物（威而鋼、犀利士、樂威壯等），可以獲得更好的治療效果。

國際勃起功能指標量表（International Index of Erectile Function）

在過去的6個月，您的狀況是：

1.能夠達到且維持勃起的信心如何？	毫無把握	非常低	低	中度	有信心	信心滿滿
	1	2	3	4	5	6
2.當受到刺激時，勃起硬度足夠插入陰道的次數如何？	無性行為	幾乎完全不可以	少數幾次可以	半數左右可以	多數可以	幾乎每次都可以
	1	2	3	4	5	6
3.性交中，您插入陰道後可以維持勃起的次數如何？	無性行為	幾乎完全不可以	少數幾次可以	半數左右可以	多數可以	幾乎每次都可以
	1	2	3	4	5	6
4.性交中，您維持勃起到完成行房的困難度如何？	無性行為	極度困難	非常困難	困難	有點困難	不困難
	1	2	3	4	5	6
5.嘗試性交時，您能滿足的次數如何？	無性行為	幾乎完全不可以	少數幾次可以	半數左右可以	多數可以	幾乎每次都可以
	1	2	3	4	5	6

加總各題的得分，總分≤21分表示有勃起功能障礙，分數越低表示越嚴重。

以形補形不如補充睪固酮

坊間相傳「以形補形」，吃腦補腦，吃腰子補腎，吃雄性動物睪丸、鞭可壯陽？其實，這麼做的心理安慰可能大於實際作用，先不論高溫烹煮可能破壞動物睪丸中的睪固酮，這些營養素在經過人體腸胃道吸收後幾乎都被肝臟分解，真正被身體吸收的少之又少。

西方世界亦是一樣，早在19世紀就有文獻記載，有醫師把動物的睪丸植入病人身上，甚至是自己體內，宣稱可治療男性不舉並能永保青春。效果如何？就像上述吃動物睪丸壯陽一般，終究是鬧劇一場。所以，與其相信「以形補形」，不如補充經科學驗證的睪固酮才是正道！

醫師的提醒：睪固酮補充治療並無法增加患者自身的睪固酮製造，因此在治療的同時患者需同時控制肥胖及糖尿病等相關疾病，以減緩睪固酮濃度因老化或疾病而下降的威脅！

睪固酮與各類疾病的關聯

代謝症候群

男性荷爾蒙長期偏低（血清睪固酮小於300ng/dl）較易罹患慢性疾病，包括糖尿病、高血壓、心臟病及腦中風的機率都會比較高，罹患腦部萎縮、失智症與憂鬱症的風險也會增加。

醫學相關研究發現，男性荷爾蒙低下的患者中，57%有代謝症候群問題，比例是睪固酮正常者的2.28倍，而男性代謝症候群患者未來罹患

糖尿病的風險則是一般男性的6.92倍，發生心血管疾病的風險是正常男性的2.88倍，死亡率的風險也較常人多出1.67倍。

肥胖

曾有研究指出：對特定情況的肥胖者而言，長期使用睪固酮療法的效果與實施減重手術的效果相當。

肥胖是造成男性睪固酮低下最大的風險因素，國外研究顯示，腰圍越粗睪固酮的濃度就越低，其生物原理說明如下：

1.脂肪增加→刺激發炎細胞激素增加→抑制腦下垂體功能→導致睪丸製造睪固酮減少。

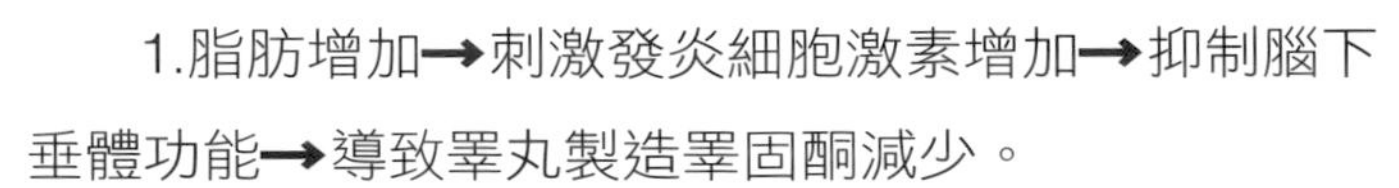

2.脂肪會減少體內睪固酮的生成，且脂肪組織會釋放芳香環轉化酶（Aromatase），使睪固酮在週邊組織轉化成雌激素，脂肪也會增加體內睪固酮的代謝，使得睪固酮濃度低下。

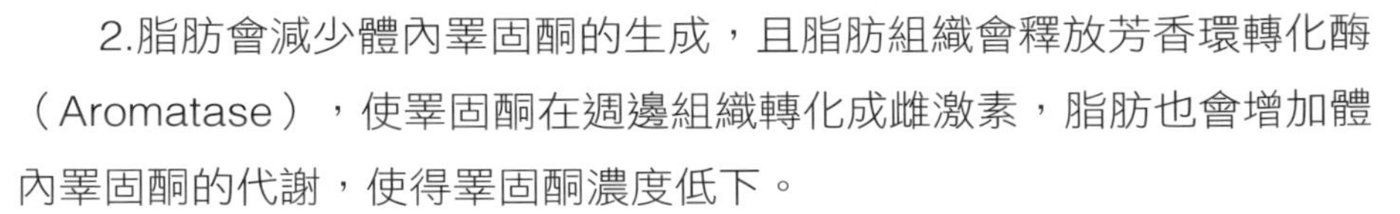

3.臨床上可觀察到一系列的惡性循環：代謝症候群、肥胖、糖尿病→睪固酮減少→內臟脂肪增多→胰島素阻抗→代謝症候群、肥胖、糖尿病。

睪固酮對減重的作用

1.可刺激幹細胞產生橫紋肌細胞 → **增肌**

2.抑制幹細胞發展成脂肪細胞 → **減重**

肌少症

人體肌肉質量的維持與生長和荷爾蒙有關，像是生長激素、睪固酮濃度不足會讓體內蛋白質合成的速度比被分解的速度慢，而身體肌肉要收縮活動，肌肉細胞裡需要有多種蛋白質參與收縮訊息的傳導，當蛋白質合成受到影響，肌肉的收縮活動就比較差，嚴重時便形成肌少症。

適當的治療與介入能延緩或改變因年紀老化造成肌肉量流失的不良影響，最好是營養補充搭配適當的運動訓練。營養補充主要為蛋白質，運動以有氧運動、漸進式阻力為佳；在藥物治療方面，性腺功能低下的老年男性使用睪固酮可增加體重及肌肉質量、減少脂肪量，有效減緩肌少症的不適症狀。

藥物對睪固酮分泌的影響

除了生理性因素，使用某些藥物也可能出現睪固酮低下的情形。

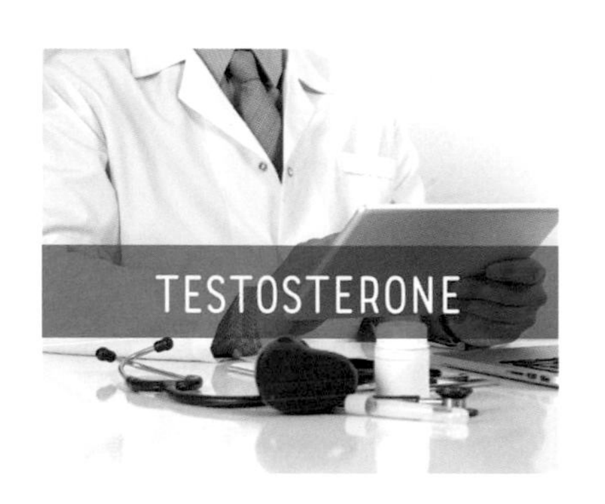

1.有些慢性疾病會影響性功能，最常被提到的就是控制高血壓的藥物，例如利尿劑、毛地黃或是有β阻斷劑成份的藥物，可能造成性慾下降或是勃起困難；但並非所有控制血壓的藥物都會影響性功能，新的藥物在這方面已經有所改善。

2.長期服用治療胃潰瘍的藥物對於性功能也會有所影響。

3.服用感冒藥物對年長者可能造成性功能障礙、小便困難，甚至解不出尿。

4.類固醇、抗排斥藥與強心劑對性功能表現也會有影響。

5.嗎啡、大麻等成癮性藥物可能導致勃起功能障礙。

6.抽菸對男性性功能也會有負面影響。香菸中所含的尼古丁有很強的收縮血管作用，尼古丁經肺部進入血液循環可使血管收縮，導致全身各生理系統的血流供應減少，發生在陰莖動脈系統就會導致陰莖血流減少，從而影響性功能。

CH7

天然的睪固酮

知名兩性專家伊恩．寇納（Ian Kerner）曾撰文指出，愈來愈多年輕人抱怨有性慾減退和勃起困難的問題，根據臨床醫師的判斷，這些問題除了是睪固酮低下所造成，還可能跟肥胖、壓力與睡眠不足等原因有關。

要避免年紀輕輕就成為「舉弱男」，除了要定期健檢了解自身狀況外，也能透過抽血檢測體內睪固酮濃度，或是透過自我評估量表，判斷自己是否有睪固酮濃度不足的情況。

若經確診為睪固酮濃度低下，可經醫師評估補充男性荷爾蒙，但為免因使用藥物而產生依賴性，平時仍須注意飲食及生活型態的配合，多攝取有助紓壓、助眠的營養素，或是從運動、減重等方法著手，都是改善睪固酮濃度不足的好方法。

睡眠好，睪固酮品質就愈好

早晨的睪固酮濃度比傍晚的睪固酮濃度高30%，這就是為什麼男人會有晨勃的原因。若晨勃的頻率變低或有早晨時性慾減低的跡象，就表明體內睪固酮濃度下降，要解決這種現象，你需要每晚6～8小時的睡眠，因為睡覺時身體會開始製造睪固酮，睡眠品質愈好，睪固酮品質就愈好。

睡眠品質能影響瘦體素、皮質醇、飢餓素、生長激素、睪固酮等各種激素的分泌，有研究發現，持續1週熬夜，就會使一個健康男性的睪固酮濃度大大減低，根據美國一所大學的研究，若沒有足夠睡眠，睪固酮濃度會比平均值少40%。

實驗證實：

睡了4小時後睪固酮濃度為200～300ng/dl
睡了8小時後睪固酮濃度升高至500～700ng/dl
也就是說，睡得越多身體就會產生更多的睪固酮！

另外，提升睡眠品質也可幫助睪固酮濃度增加，以下方法有助提升睡眠品質：

1.讓睡眠環境完全黑暗。即使是手機的微弱光線都會使松果體分泌褪黑激素，所以睡覺時連小夜燈都不要開是最好的。

2.把所有的網路和Wi-Fi熱點通通關掉，電磁波的頻率會降低睡眠品質，這是有科學根據的。

3.堅果、香蕉、鮭魚、深綠色蔬菜及奶蛋肉類等含有維生素B群及色胺酸的食物能幫助紓壓，有助提升睡眠品質。

吃對食物，中年大叔也能活力滿分

改善睪固酮不足也可從飲食著手，例如含鋅食物有助於睪固酮合成，維生素B群則是絕佳的睪固酮促媒；另外，透過攝取食物中有益的營養素可幫助穩定情緒、放鬆身心，間接改善睪固酮分泌。

自然提升睪固酮的飲食原則如下：

1.均衡飲食：蛋白質可促進升糖素和肌肉生成的激素，這兩項激素是讓睪固酮分泌的重要因子，所以吃進足夠的蛋白質是非常重要的。

2.吃低GI食物：日常生活中要養成吃低升糖指數（Glycemic index，GI）食物的好習慣，減少純糖類和澱粉（高升糖的碳水化合物）的攝取，因為這兩類食物會造成胰島素和可體松上升，繼而影響睪固酮的分泌。

3.低脂飲食：高蛋白、適量碳水化合物及含適量脂肪的飲食可幫助提高分泌睪固酮。

4.多吃含鋅的食物：鋅是製造睪固酮非常重要的原料，它可以透過抑制芳香酶作用來防止睪固酮被轉化成雌激素。事實上，鋅可以將雌激素轉化成睪固酮，更可以增加精蟲的質與量，體內鋅的濃度過低會導致睪固酮濃度下降。含鋅量高的食物包括牡蠣、動物肝臟、海鮮、家禽、堅果和種子，也可以每日補充50～100毫克鋅。

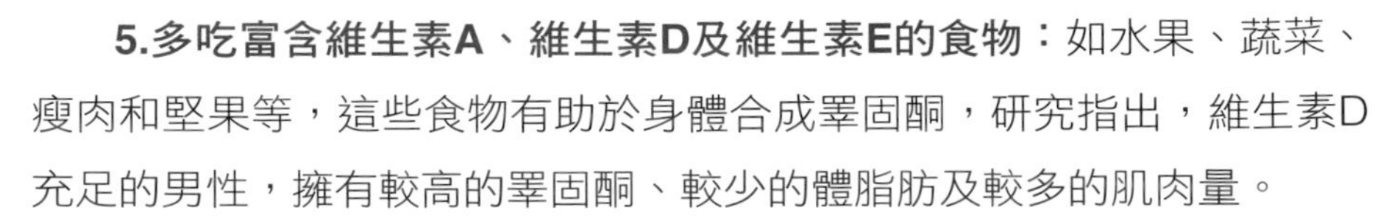

5.多吃富含維生素A、維生素D及維生素E的食物：如水果、蔬菜、瘦肉和堅果等，這些食物有助於身體合成睪固酮，研究指出，維生素D充足的男性，擁有較高的睪固酮、較少的體脂肪及較多的肌肉量。

6.補充維生素B群：B_5、B_6、B_{12}都是絕佳的睪固酮促媒，含有大量B群的食物如魚、蛋、酪梨、麥芽等。

7.不吃垃圾食物：鹽酥雞、炸薯條、洋芋片等低蛋白質的澱粉食物會讓脂肪堆積，脂肪堆積會造成睪固酮分泌降低。

8.多吃健康的脂肪：男性的身體需要健康脂肪來生產睪固酮，飲食中攝取的健康脂肪含量如果太低就會降低睪固酮濃度，建議每日總熱量內有20%～30%來自健康脂肪。研究顯示，飲食含豐富單元不飽和脂肪酸和ω-3脂肪酸等健康脂肪的男性，他們的睪固酮濃度較高，含有健康脂肪的食物如堅果和種子、富含脂肪的魚類（如鮭魚和鮪魚）、酪梨、橄欖油、植物油和天然花生醬等。

9.十字花科蔬菜有助清除體內多餘的雌激素：這些蔬菜中含有一種叫二吲哚甲烷的化合物，可以幫助身體清除過多的雌激素，雌激素會讓男人發胖、失去活力，清除體內的雌激素可以讓身體自然產生更多的睪固酮，有益的食物如綠花椰、高麗菜、白花椰、甘藍、小白菜、紅蘿蔔等。

10.吃富含纖維質的食物：可幫助身體排除會產生過多雌激素的毒素，大多數蔬果、堅果和豆類都含有高纖維；也可額外補充紅葡萄皮提取物（白藜蘆醇），可幫助肝臟去除多餘的雌激素。

11.禁止喝酒：酒精會讓肝臟不易分解雌激素，這會直接減少體內睪固酮並增加雌激素。雌激素的增加會讓男人女性化，得到男性女乳症，甚至性無能；酒精也會減少體內的鋅濃度。

12.少吃葡萄柚：跟酒精一樣，它會讓你的肝臟不易分解雌激素，並造成惡性循環。

運動讓身體製造更多睪固酮

睪固酮減少意味著肌肉合成的效率降低，體內的雌激素也會隨著睪固酮的減少而上升，導致脂肪推積。所以中年後如果想要維持體態，務必要讓睪固酮濃度維持在巔峰狀態。

運動可幫助減重並減去非必要的脂肪，脂肪減少會降低雌激素分泌，睪固酮濃度自然就會提高，但要提醒你，運動適量即可，運動過度也會使睪固醇分泌減少哦！

透過運動提升睪固酮濃度的關鍵取決於運動持續的時間、強度和頻繁度，所以運動要適度，過多或過少都可能讓睪固酮的濃度降低。

以下是有助提升睪固酮濃度的運動方法：

1.短跑：研究指出，短跑衝刺可提升體內的睪固酮濃度。一般人在

健身房練完重訓之後都會選擇在跑步機再慢跑30分鐘，這方法是無效的！如果你想提升睪固酮的話，就應該在跑步機上練短跑衝刺，而不是慢跑。

試著衝5～10趟，每趟不超過15秒，並等到休息完全之後再衝下一趟。每趟的休息間隔可控制在衝刺秒數的3～4倍，每個星期做這樣的練習2～3次，可幫助睪固酮濃度維持在顛峰狀態。

2.大重量舉重：重訓時可選擇「輕重量，多次數」或是「大重量，少次數」，但研究指出，大重量更可以刺激睪固酮。每個星期做2～3次全身性大重量訓練，例如深蹲、硬舉、臥推等健力舉重，再搭配85%～95%的1RM（最大肌力計算），就可以達到最佳的睪固酮分泌效果。

3.拉長休息時間：經科學驗證，重訓的組間休息維持在2分鐘對分泌睪固酮最有幫助；更短的休息時間當然也可以，但這時分泌的是其他荷爾蒙，例如生長激素。足夠的休息才能持續推大重量來分泌睪固酮，不妨利用2分鐘的休息來練習拉筋或是訓練其他肌群，例如練完仰臥推舉後休息30～60秒再去練深蹲，深蹲練完休息30～60秒再回去練仰臥推舉，如此就可達到大重量和長時間休息促進睪固酮分泌的效果。

長知識

1RM為One-repetition Maximum的縮寫，代表肌肉收縮時能產生的最大力量，舉例來說，如果一個人能臥推50公斤8下，但臥推62公斤卻只能做1下，那62公斤就是這個人臥推的1RM，由於不同動作會用到不同的肌肉群，所以也會有不同的1RM值。

4.強迫次數：這個方式最好是用在臥推、深蹲、滑輪下拉、推舉等的多關節運動，在你舉到力竭推不上去時，請教練或同伴幫忙補一下，讓你完成動作。研究發現，強迫次數會比靠自己的多次訓練能分泌更多的睪固酮。

5.訓練腿肌：實驗結果顯示，練腿肌的人體內睪固酮濃度比只練手臂的人高出許多，所以你在練手臂時不妨搭配一些腿部訓練，如弓步深蹲或深蹲，蹲重一點可幫助睪固酮濃度拉到最高。

6.避開耐力型心肺運動：長距離的耐力運動會降低睪固酮。研究發現，自行車車手的睪固酮濃度遠低於資深舉重選手，甚至輸給根本沒在訓練的人。研究人員推論其原因，認為這些運動讓運動員身體產生了適性，這樣的適性讓身體降低睪固酮以避免合成多餘的肌肉，好讓輕盈的身體讓選手在比賽時帶來更好的競爭力。

7.做複合訓練：運動可強迫身體製造更多的睪固酮，但如果你要提高睪固酮濃度及更快速的練出肌肉，還是要做複合訓練，根據研究，進行複合訓練時體內睪固酮濃度可獲得最大程度的提升，因此你必須控制每天訓練時間不超過2小時，每次訓練只做1～2項不同的複合訓練及一些單一肌群訓練，還要避免長時間的有氧運動，如快走或慢跑，而以上坡衝刺或高強度間歇式訓練代替，每週長時間的有氧運動不超過兩次，且訓練後的休息時間一定要足夠，過度訓練會導致皮質醇濃度增加、睪固酮濃度降低，所以訓練後你需要8個小時以上的睡眠才能讓身體恢復，以及製造更多的睪固酮。可同時訓練多個肌群的複合動作如深蹲、仰臥推舉、硬舉、引體向上、肩上推舉等。

減重可增加睪固酮

肥胖會影響睪固酮分泌，因此調整進食順序及挑選好的食物，少吃油炸及含糖食物，達到減重效果就能間接改善睪固酮分泌不足的問題；另外再搭配運動來增強減重的效果也能有效促進睪固酮分泌，幫助重拾男性活力。

根據調查，BMI過高或腰圍過大的男性睪固酮濃度愈低，這時你需要加強運動，除了可增強心肺功能與肌力、降低三高之外，對於心血管保養及內分泌也有幫助。

除了減重，也要注意體脂率。體脂愈高表示身體的雌激素濃度愈高，因為脂肪中含有一種叫芳香化酶的化合物，會將睪固酮轉化為雌激素。降低體脂肪會減少雌激素濃度，並增加睪固酮濃度。

提醒你，千萬不要採取斷食或節食的方法來控制體脂肪，這些方法會讓身體進入「節能模式」，並停止睪固酮的合成。所以當你想以降低體脂肪來增加睪固酮時，請確保每週最多減輕0.5～1.5公斤的脂肪，且最好是通過直接減脂的有氧運動和基本飲食計劃來達成。

好的生活習慣可減緩睪固酮濃度減少

1.戒除吸菸、酗酒、濫用藥物等不良生活習慣。

2.不要熬夜，作息不正常會加速睪固酮濃度降低。

3.飲食以少油、少糖、少鹽、營養素均衡攝取為主。

4.保持睡眠充足，可預防過早進入更年期。

5.盡量避免接觸外源性雌激素（環境荷爾蒙）：來源有殺蟲劑、人工生長激素和類固醇、空氣清新劑和塑膠容器等，這些東西會增加體內雌激素濃度，同時降低睪固酮濃度。塑膠容器在加熱時往往會產生環境荷爾蒙進入你的水和食物，建議以玻璃容器來取代；也不要使用任何含苯甲酸酯成分的香水、古龍水或空氣清新劑。

還要注意，由於大多數外源性雌激素會累積在身體的脂肪，所以減少體脂肪也是避免外源性雌激素的好方法。

6.減少壓力：當感到壓力時身體會釋放皮質醇，皮質醇會關閉身體睪固酮的分泌，也會讓脂肪堆積在腹部，且體脂肪愈多，體內的雌激素就愈多、睪固酮就愈少。你必須停止為小事情擔心、控制脾氣，試著減輕生活中的壓力。

7.每天補充1000～1500毫克的維生素C：維生素C可減少皮質醇濃度，且會讓身體製造更多的睪固酮，還能減少將睪固酮轉化成雌激素的芳香酶。

8.刺激性慾：長時間沒有性刺激或缺乏性慾會造成體內睪固酮濃度降低，德國科學家發現，只要勃起，體內的睪固酮濃度就會顯著提高，下列研究可作為佐證：

- **男性在看15分鐘成人電影後睪固酮濃度提高100%。**
- **男性在觀看成人電影後睪固酮濃度平均提升35%。**

9.保持睪丸涼爽：保持在34.4°C～35.5°C或比體溫低2度是最好的，這溫度能幫助身體製造最好的睪固酮。長時間穿緊身內褲、長時間泡澡，或從事任何會讓睪丸溫度過高的活動，都會抑制身體製造睪固酮；另外，過高的體脂率也會讓睪丸過熱，降低體脂可保持睪丸涼爽。

網紅名醫提升性健康的綜合方案

美國知名的醫師/教授/作家安德魯．威爾博士（Andrew Thomas Weil）推薦採取一種評估所有影響睪固酮原因的綜合方法來提升性健康。

1.從事肌力運動：運動能增加睪固酮，但並非所有項目都有益，像馬拉松等耐力性有氧運動反而會降低睪固酮產量，利用腿部與背部等大肌肉的舉重、硬舉、深蹲則能增加睪固酮。

2.高纖碳水化合物：飲食均衡也能促進睪固酮分泌，會促進肥胖和胰島素抗阻的飲食則會降低睪固酮，因為脂肪細胞就像海綿一樣會吸收睪固酮。碳水化合物來源最好是由高纖水果、蔬菜、全穀物與豆類緩慢代謝出來。

3.睡覺時關手機：睡眠能促進睪固酮分泌，提升睡眠品質對促進睪固酮分泌是非常重要的，而多數睪固酮都是在早上5～7點間的睡眠中產生的，建議在晚上8～9點後關閉手機、平板和其他電子設備，它們發出的藍光會干擾睡眠。

4.營養補充品：維生素D跟鋅對睪固酮分泌很重要，D-天門冬氨酸能提高40%的睪固酮濃度，D-天門冬氨酸是能直接作用在腦下垂體和睪丸的氨基酸，它也能增加精蟲的製造。研究指出，男性每天早上服用3克的D-天門冬氨酸能增加40%的睪固酮濃度。

5.補充高蛋白質食物：優質蛋白質確實能幫助提升體內的睪固酮，尤以動物性蛋白質為好，如海鮮、紅肉、白肉等，動物性蛋白質多具有精胺酸，精胺酸能促進體內一氧化氮形成，一氧化氮則能幫助血液暢通，有助勃起。

可不可以不變老？

長生不老這個議題千百年來在人類社會始終不曾被放棄，從兩千多年前秦始皇遍尋長生不老藥，到21世紀人類的最新企盼「人體冷凍技術」，無不是追求永生的想望；幾千年人類智慧的累積，「不死」至今或許猶不可及，但「不老」或是「減緩變老」卻已經是現代人類可實現的夢想。

在美國哈佛醫學院衰老生物學研究中心研究了近20年的辛克萊教授（David A. Sinclair），近年將他所主持的研究成果整理成書，在2019年出版了《Lifespan：why we age and why we don't have to》（中譯《可不可以不變老》），書中對於人類「減緩變老」的研究成果有諸多說明，與辛克萊教授一起從事抗衰老預防醫學研究十餘年的國內抗衰老權威徐惠松醫師，結合醫學研究與實際臨床經驗，做了以下的分享。

辛克萊教授發現了三種和人類衰老的關鍵基因，分別是Sirtuins、mTOR和AMPK，這些基因不僅能延長人類的平均壽命，還能有助身體健康，因此被稱為「長壽基因」，辛克萊教授的研究也發現，適度的壓力會啟動人體的防禦機制，進而開啟長壽基因反應，正所謂「生於憂患，死於安樂」。

而各種適度壓力中被認為最有效的兩項，一是禁食，二是運動，這也是目前抗衰老醫學界公認兩項對「延緩衰老，有益健康」最有效的方

法，但不論是禁食或是運動，都要做到對身體造成適度的壓力，例如禁食一定要在禁食期間有飢餓感，運動則必須做到使身體能感覺疲累。

雖然許多的運動，如跑步、慢走、瑜伽等對健康都有很好的效益，但唯有明顯提高心跳與呼吸速率的高強度間歇運動（High Intensity Interval Training，HIIT），才會對身體造成壓力，才能啟動人體內最多數量的長壽基因。

人體是一個能高度自我調適的機體，當每天重複做同樣的運動，譬如每天固定早起跑步30分鐘，身體就會逐漸自我適應，找出最小的力氣來對付它，這稱為「效率陷阱」，身體一旦進入這樣的循環，那麼就達不到運動的效果。高強度間歇運動未必適合年長者，但只要運動時能夠做「劇烈運動與短暫恢復期」交替進行的間歇性運動，就能產生高效能的運動成果。

至於節制飲食，簡單的說就是少吃一點，每餐吃七、八分飽就好。在很多的動物及人體實驗中，皆顯示熱量控制可以改善健康、預防疾病，還可以延長壽命，而且是愈早開始實施對延長壽命愈有積極意義。

常見有益健康的「禁食」飲食法舉例如下：

1.16-8：即16個小時「禁食」，8個小時「進食」，最好也能採用間歇性的做法，不要每天都16-8，否則身體就會因逐漸適應而習以為常，那麼又會陷入「效率陷阱」了。

2.52輕斷食：一個禮拜有2天減少食物的攝取，5天正常進食。

3.辟穀：又名斷穀、絕穀、卻穀，就是不食五穀。

以上方法可以視每個人的生活狀態而做不同選擇，至於有沒有能幫助「不老」的藥？根據辛克萊教授及其他相關醫學研究的成果，像是雷帕黴素（一種免疫抑制劑）、白藜蘆醇（可活化去乙醯酶，啟動長壽基因，達到延長壽命的效果）、二甲雙胍（透過長壽基因的活化，能促進細胞中的輔酶NAD產生，啟動一些老化的防禦機制，使人體更年輕，健康）等，但這些藥物的使用多少有些爭議之處，辛克萊教授每天服用的維生素D及維生素K_2則是比較沒有爭議的，惟阿司匹靈雖在很多流行病學研究中顯示會降低中風、心肌梗塞等風險，但長期服用可能會引起腸胃道出血，使用時必須小心。

延長壽命、延緩老化是大多數人追求的目標，在老年時不會患上慢性病及失能，並能維持身體和認知功能，從容應付日常生活中的活動，也就是在延長壽命的同時依舊能保持健康，正是抗衰老預防醫學和人類的最終心願。

第三篇 性愛

CH8

男人的性福關鍵

「絕對不能說不行」一直是男人心中最在乎的事。根據統計，男性過了40歲，就會開始感到體力大不如前，這指的不只是日常的體能，還包括在床上的表現。根據調查，40歲起，5.3%的男人自認有性功能障礙；且隨著年齡增長比例逐步上升，70歲以上的男人自認有性功能障礙的比例更達到27.3%。

事實上，男人真的愛面子，做問卷調查不見得願意誠實回答，若以門診的性功能評量表來衡量，現實就更殘酷了：40歲以上的男人，有性功能障礙的比例為16%，到了70歲比例更高達54.8%，也就是說，這個年齡段的男人每2人就有1人有性功能障礙，顯見性功能障礙對年過40的男人來說真是個嚴酷的挑戰。

為何年過40「只剩一張嘴」？

所謂「只剩一張嘴」，說的是男人在床上已無實際作為，往往只能靠嘴上吹噓自己有多神勇；說實在，他們也不願意這樣，無奈歲月不饒人！

男性性功能障礙可分為心理與生理兩大類，除了疾病之外，兩類因素經常互相影響，例如性慾降低與男性荷爾蒙（睪固酮）下降有密切相關，而睪固酮的下降除了會降低性慾外，也會影響性行為的表現。

要知道你有沒有睪固酮低下的問題，可抽血檢測睪固酮血中濃度，標準值為300～320ng/dl，若低於這個數值就要評估是否需接受治療。

另外，屬於心理因素的工作壓力往往也會影響性生理，例如長時間工作後回到家只想好好休息，對老婆的性事邀約很難提起興致。

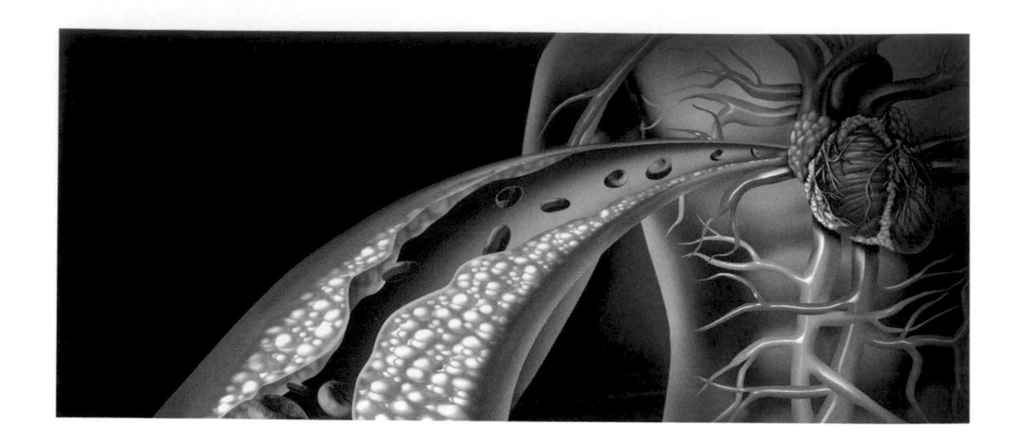

常見影響性功能障礙的生理原因

1.因三高引起的動脈疾病：糖尿病、高血脂可能造成陰莖平滑肌組織纖維化，使得可充血勃起的正常組織減少，勃起功能因而受到影響。

2.脊髓損傷：患者因運動和感覺功能障礙，加上尿道和呼吸道容易感染，近七成有勃起障礙，射精比率只有14.4%，且精液品質不佳。

3.進行攝護腺癌根除性手術、直腸癌手術也可能損及陰莖週邊神經，造成性功能障礙。

4.內分泌系統疾病、先天性靜脈問題也會影響性功能。

5.有些藥物也會造成性功能障礙，例如：

- 精神安定劑與抗憂鬱劑會影響體內多巴胺的作用而造成性慾下降。
- 某些高血壓藥會使週邊血管擴張、導致陰莖勃起組織的血液灌流下降，間接造成勃起障礙。
- 交感神經阻斷劑可能影響週邊交感神經的作用，間接引發勃起或射精問題。

性愛能力的「用進廢退論」

有些男性擔心性生活太頻繁、縱慾過度可能會影響性功能，甚至影響生育能力，這些想法真是操心過頭了！要說「縱慾過度」造成危害，是指某個時間段太過操勞，使精力透支而影響性表現，但這只會是短期的現象，只要經過充足的休息及營養補充就能恢復；長期來說，「縱慾」並不會影響性能力，也不會影響生育，甚至，性能力是愈鍛鍊愈有好表現，簡單地說就是「熟能生巧」。

精蟲數量與性功能的關聯也常被關注，精蟲數會影響生育這是毫無疑問的，例如男性精蟲數過低可能會讓另一半不易受孕，但精蟲數低並不表示性能力差，精蟲數的多寡與性功能表現無直接關係。事實上，男人會因為經常做愛使性能力愈來愈強，女人也會因為經常做愛而讓身心愈來愈年輕。

男人性能力最強的年齡是18歲，這時期的男人一看到女人露胸、露腿的照片，或是獨處時手一碰觸陰莖就會自動變硬勃起，幾乎可說是「饑不擇食」，不管是對年紀相仿或是年長許多的女性都會產生淫念，所謂「戀母情節」即是如此。這時性慾望的成份遠遠強過情感，甚至會飛越倫理界線，所以只要有機會，女大男小的戀情很可能就會發生，如師生戀、姊弟戀，甚至繼母繼子亂倫戀，當小男人逐漸成熟，有機會與其他女性接觸或有機會親炙肉體，他們便會移情別戀，可以說這類戀情幾乎很難維持長久，即使「姊姊」再有錢、再體貼，也無法挽回兩人互為過客的事實。

被「棄」的女人雖然會感覺失落，但多能體認現實，心情很快就能恢復，而因為難忘小鮮肉的甜美滋味，必定會再尋覓下一個年輕男友，且經幾次與小男人交手的經驗後，她更懂得掌握年輕男人的心，所以能很容易地擄獲他們的感情！

據我的瞭解，熟女的這種慾望很難停止下來，必然會一個接一個找下去，況且，現在生醫、微整技術那麼先進，女性即使已屆不惑、知天命，甚至耳順，外表看起來仍然很有誘惑力，再加上她們的床戰經驗豐富，調情手段精煉，如果再有一點經濟實力，小男人真的很難不動心。

而這類熟女也會因為長期處在戀愛情境，大腦皮質產生令人愉悅的腦啡，而時時展現美好的笑容，加上做愛過程中身體會分泌大量用來吸引男性的荷爾蒙及費洛蒙，都有助滋養身體、活化生理機能，皮膚的膠原蛋白也會因為荷爾蒙作用再度被活化、增生，而變得光潤豐滿，讓人看不出實際年齡。

根據研究，40歲以上的女性持續保持做愛會使更年期延後，荷爾蒙可持續分泌不衰退，做愛時淫水來得更快、分泌更多，而且常做愛也比較容易達到高潮，這即是人體生理及器官用進廢退的現象。

至於男人，要滿足情慾的壓力比女人少多了，但看許多巨商及稍有地位的政客，甚至名企主管之流，他們身邊多不乏紅粉知己，這是因為成就讓他們有信心，加上財勢助長膽量，權力更是迷惑女性的春藥，讓無數女性爭相投向他們的懷抱，他們也樂得大享齊人之福，即使在東窗事發後往往需要編造一些愚蠢至極的謊言，他們仍奮不顧身，如飛蛾撲火般前仆後繼以身殉「性」。

不過話說回來，性愛能力「用進廢退」是真的。如果人到中年，不想與女伴只能「望床興嘆」，甚至被踢下床，就要勤練技能，免得有一天成為被老婆嫌棄的「下流老人」，且男人勤於做愛不只能保障家庭地

位，還能有益身體健康。醫學研究證實，20～30歲的男性每週有5次以上射精，比較不易得攝護腺癌，但醫師也提醒中年男人，做愛次數要量力而為，每週1～2次比較有助身體健康。

其實不管男女，在任何年齡，只要不觸及法律與倫理的禁忌，都可以勇敢追求性愛享受，要或不要只是一念之間，不必等到有錢、有權勢才能實現。我知道有不少熟女求助醫美診所做陰道整型，且每天補充荷爾蒙，目的即是為追求更好的性愛體驗，隨著時代進步，物換星移，女人開放的心態已今非昔比，這未嘗不是可喜的進步，不是嗎？

長知識

結紮不僅不會影響性能力，反而讓男人做愛時更投入！

現代人生得少，結紮是避孕的選項之一，很多男性想當新好男人，挺身而出接受結紮，卻深怕結紮後不能再一展雄風，作為婦產科醫師，我要告訴男人，這個顧慮真的是多餘了！

結紮是從陰囊兩側開一個小切口，切口長度不到1公分，從小切口將輸精管綁住後剪斷，這樣做不但不會影響性功能，連外觀都不會有任何改變，還會因為不用擔心讓女人懷孕，使男人在性行為時更投入、更盡興。

大腦是最大的性器官——情慾的發動來自大腦

性對人類來説就像吃飯、睡覺一樣，從根本上説是一種生物化學反應，且近代以來，科學家經過不斷研究終於找出了人類「性慾拼圖」中的許多組成部分，包括睪固酮、雌激素、催產素、多巴胺、血清素和去甲腎上腺素等大腦化學物質，甚至是普通的氧化氮或是不為人知的血管活性腸多肽，都與人類的性慾有關。

科學家證實了，人類性慾有90%來自大腦是真的，而與性反應有關的大腦部位至少包括感覺迷走神經、中腦網狀結構、基礎神經中樞、前腦島皮層、扁桃體、小腦和丘腦下部，且相關研究指出，女性確實會對性相關的視覺刺激產生反應，且與男性相比，能激起女性情慾的影像範圍更廣，但與男性不同的是，女性的這種身體反應並不一定會與產生性慾的主觀感覺一起出現；簡言之，女性身體上的慾望可能在有意識的慾望出現前，甚至在根本沒有性意識的情況下產生，但有時身體上的慾望和心理上的慾望也會同時產生。

心理上的慾望是複雜的，身體對慾望的反應卻很直接，只要讓性器官充血就行了。哈佛醫學院婦產科及生殖生物學（Obstetrics, Gynecology and Reproductive Biology at Harvard Medical School）專家艾倫．奧特曼博士（Alan Altman）説：「無論緣於什麼動機，一旦腦子裡那個（性慾）開關被打開，增加血流量就只是個相對簡單的概念罷了。」就男人而言，有一種稱作血管活性腸多肽的化學物質可加速血流，同時還控制著腸胃道平滑肌的擴張與收縮。負責這一功能的主要化學物質稱作氧化氮，它能刺激及控制血管擴張及收縮的肌肉，如果你有了性意識，或接受了外源性刺激，身體就會做出反應。

慾望之火的燃料——睪固酮

要讓身體興奮，有一種不能缺少的物質就是睪固酮，可以說它就是慾望之火的燃料，無論出於什麼原因，如果沒有睪固酮，男性就會出現勃起障礙和缺乏性慾等問題，但對女性來說，除了睪固酮的影響，還有另一種關鍵物質——雌激素。雌激素與睪固酮的共同作用決定著女性的性慾，兩者都是通過刺激大腦釋放神經傳遞素來誘發慾望。神經傳遞素決定著我們的心境、情緒和態度，其中，對慾望來說最為重要的物質就是多巴胺。

另一種參與慾望的生物化學過程的神經傳遞素是血清素。像百憂解一類的抗憂鬱藥物能使血清素在體內循環的時間拉長，從而改善情緒，但同時卻會降低達到高潮的能力。

再一個是催產素，內分泌學家多年前就知道，腦下垂體、卵巢和睪丸分泌的催產素有助分娩時的子宮收縮、分娩後的泌乳和高潮時的骨盆抖動，有研究發現，情侶們在拉手、擁抱或看色情片時，體內的催產素濃度會上升。

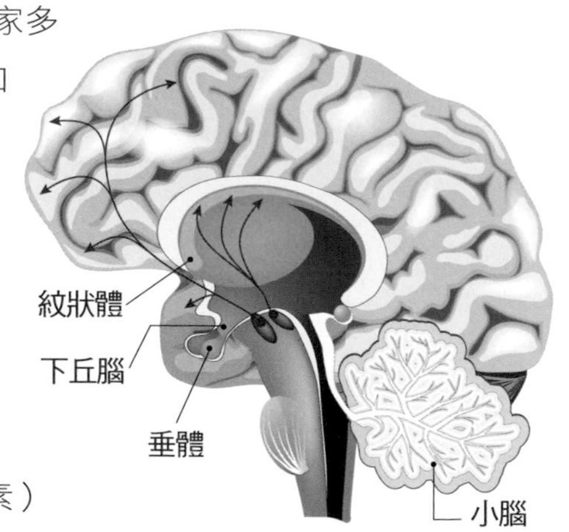

多巴胺途徑

還有一種信息素（又稱外激素）也參與了性慾產生的過程，它是一種我們能覺察到但可能意識不到的嗅覺物質。研究證實：當女性長時間共處一室時，她們的月經周期就會趨於相同，科學家表示這可能就是信息素的作用。由於月經周期和性能力屬於同一套身體運作體系，因此推論信息素也是引發性慾的一種神經傳遞素。

一種新近發現的物質是促黑素（又名黑素皮質素），在臨床試驗中，這種垂體激素既能使男性勃起，也能增強他們對性的慾望。促黑素會與多巴胺相互作用，但這種作用的具體過程目前尚未可知。

境由心生，對缺乏「性趣」的人來說，最好的解藥其實就是自己的大腦，只有當你願意，且認為性愛是令人愉悅的，才可能出現性反應，這也就是為什麼太監沒有睪丸仍然可以和宮女「對食」，甚至是有性生活的原因。

長知識

大腦的性慾發生機轉

男性是由前視覺內側區引發性慾，相關訊息會送上大腦皮質產生意識的興奮，然後往下傳到陰莖，引發勃起。

女性的性行為則是由腹內側核所激發，這個神經核也是掌管食慾的地方。當女性受性情境激發性慾時，會有展示自己性器官的慾望，陰蒂也會變大勃起，陰道變得濕潤，而雌性動物展示性器官是對雄性臣服等待陰莖插入的表現。附帶提起，當女性慾求不滿時，會用滿足食慾來替代性慾。

男人活愈久欣賞女人的部位愈往下移！

男人的性愛趣味會隨年紀改變，喜歡女人的部位則隨年紀不斷「下移」，已逝作家李敖說過，「少年時喜歡看女人的臉，中年時喜歡看女人的胸，再大一點就喜歡看女人的腿」，一句話將男人的喜好描述得相當貼切！

記得年少時看到臉蛋好看的女生或老師就會非常喜歡，在愛慕之餘不會去注意她們身體的其他部位，當然也不會產生性慾；到了青春期，男同學們開始對女性的乳房產生興趣，不由自主地把目光集中在女性豐滿堅挺的乳房上，看到女人露出乳溝或豐滿的上圍便興奮不已，這時期的男生大腦皮層洋溢著性慾望，但通常是有色無膽。

40歲以後的男人，看到性感的女人便迫不及待想把她帶上床！這時的男人習慣由下而上看女人，第一眼先看她是否有修長勻稱的小腿，若看到女生穿開衩長裙或迷你裙露出白晰美腿，便讓他春心大動，當然，對美腿遐想的最終目的仍在一探私秘處，且這時的男人對緊翹豐滿的臀部的喜愛已取代看巨乳。

男人只要一息尚存，獵豔的慾念永遠存在！且不管何型態的女體，只要皮膚白晰細嫩，任何部位都是熟男的心之所繫，這道理千古不變。

男人喜歡女人的陰毛嗎？

男人不但喜歡女人的陰毛，而且喜歡陰毛多一點！以前民間有個説法，男人嫖妓遇上「白虎」會走霉運，妓女被「青龍」嫖到會倒霉。「青龍」指男人陰部無毛，女人陰部無毛叫「白虎」，會倒霉的風俗不盡可信，不妨一笑置之，但這説法普遍反映出不論男女，對於異性私密處的體毛都相當重視。

看到女人的陰毛必然激起男人的性慾，這是動物本性，同樣的，女人看到男人的陰毛也會臉紅心跳，因為陰毛是人類的第二性徵，看到陰毛會起淫心是人類的天性，也是獸性。所以妳問，「男人喜歡女人的陰毛嗎？」我的答案是「當然喜歡」；如果再問，「陰毛可以讓女人顯得更加性感嗎？」男人也會説「是的」，因為陰毛會傳達強烈的性暗示，所以為什麼有些國家的性管制尺度是禁露三點，這三點分別是兩個乳頭及陰部，這些身體部位的顏色都受到荷爾蒙影響，使得皮膚的色澤較深黑，也較醒目。

以往限制級電影會在「三點」打上馬賽克，近年尺度普遍開放，可露出兩個乳頭，各類影片中「上空」已是司空見慣，大多數男人看到這些畫面已無法勾起情色慾望了。現在各種影片中若有裸露鏡頭，通常只遮住第三點，而這更加強了陰毛的吸引力，此後男人看裸女的照片總是把眼光放在私密處，當看到令人驚艷的陰毛就興奮萬分，尤其看A片時如果女主角的陰毛又長又濃黑，臉蛋也長得不差，男人就會把這支影片視為精品四處傳送分享，如果片中女演員的陰毛被剃光了，除非是個絕世美女，否則看這種片子便會覺得乏味，甚至僅4分鐘的短片也不會想要看完。

令人納悶的是，女人如果都把陰毛剃光了，將來電影的馬賽克要打在哪裡？因為第三點既然已經沒有看頭了，還需要再遮掩嗎？

淺談手淫的益處，兼駁手淫傷身的謬誤

資料顯示，95%的男人都有手淫史，女人也高達50%～60%，手淫的好處不論在個人的生理健康和社會的和諧安全方面都有正面且絕對的益處，但是截至目前，社會各界仍存在諸多對手淫的負面看法，細究這些意見的內容，無非是源自文化及道德層面根深蒂固對「性」慾望的貶抑，視女人自慰為淫蕩，令她羞於告人；對男人則用自慰傷害身體，會造成早洩、短壽命，或是用養身大義告誡會造成腎虧云云，這些立論完全沒有科學根據，但是長久以來卻以訛傳訛，並且深入人心！以下我要以一個醫師的觀點，一一對其提出反駁。

首先是，「一滴精十滴血」，千萬不能隨便浪費？

錯，男人的睪丸每天不斷在製造精蟲，每半個月大概要滿溢一次，滿溢時大腦皮質自然會形成一個動機，比如擬想一個春夢，使陰莖充血勃起，並且把射精的指令傳遞到脊髓，接著前列腺一陣強烈收縮，便把精液噴出體外，稱之為「夢遺」。

這一連串緊密接續的動作，是人體自然的生理機制，所以射精是自然且健康的現象！手淫不過是複製且順著這個自然的生理機制，並沒有違逆正常生理。

其二，手淫過度有礙身體健康？

不會，手淫過後會使人疲倦，但不會有損身體健康。手淫並沒有過度的問題，年輕時與女人交歡做愛，射精後誰都會有一陣子疲憊，但稍事休息，也許半小時後就又能再度勃起，再次交歡，在盛年體力好時一夜可以射精數次，只是射精的間隔會一次比一次長，射出的精液也會一次比一次少，最終陰莖會徹底疲軟，無法再勃起。手淫的道理也是一樣，等到體力用盡，身體自然會發出需要休息的訊號。

手淫其實只是沒有實體對象的性交，身體會讓它自然地適可而行，疲累了就休息，且手淫是很痛快的，可以讓人在全身徹底放鬆的情況下美美的睡上一覺。

所以，手淫絕對不可能過度，手淫也不會傷身！有些觀點定下一天不可手淫多過三次云云，事實上如果兩次射精之後便無法再勃起，限制每天能手淫幾次也沒意義，還是把身體的事還給身體自己吧！因為身體累了自然就無法手淫。

其三，手淫會導致早洩？

錯。早洩粗略的定義是「陰莖插入陰道2分鐘之內或是抽送不超過

15次即失控射精」，而手淫的射精時間據統計通常為3分鐘以上，甚至達30分鐘，有時還要加上想像力或借助看A片才能射出。

早洩的原因分為生理跟心理，生理因素如糖尿病、攝護腺肥大等；心理方面則是不安、焦慮、恐懼等，但不管哪種因素都可透過醫療改善，且愈早治療效果愈好，千萬別因為擔心早洩而停止手淫的樂趣哦！

其四，手淫多了會「腎虧」？

腎虧是中醫名詞，這裡的「腎」大致包括整個泌尿生殖系統，不單指腎臟。古代中醫解剖學不發達，把排尿的功能和性功能視為一體，腎虧是腎虛的俗稱，腎虛是腎精不足，一般症狀有精神疲乏、頭昏、耳鳴、健忘、腰膝酸軟、遺精、陽痿等，並非腎臟有病，主要指性交過度造成長久疲勞的後遺症。

會出現性交過度是因為如古代帝王有三宮六院，侍寢的后妃來源充裕，不分晝夜不斷交媾，缺乏休息，久而久之產生體力不支的情形，而不只帝王，古代的富人及朝廷要員只要有點地位及財力，要享受一夫多妻也是唾手可得，老夫少妻更是普遍存在，男人好色哪裡會有止境？所以竟日左擁右抱，「腎虧」的情況便普遍存在，但這種因擁有三宮六院而頻繁交媾的「福份」，在女權高張的現代，即使連上市公司的董事長也不可能做到，因此因過度性交導致腎虧的情形，在今日已不可能存在，遑論手淫也只是偶爾自娛，不可能因過度而造成身體長久虛損，當然也不可能會導致腎虧！

避免人與人的連結，手淫好處多

手淫不只不會傷身，還很有好處，說明如下：

1.隨時享受性高潮：如果男人缺乏性交對象，沒有辦法執行規律的性交，累積的精蟲會在潛意識形成性壓力，大腦皮層會產生性衝動，這個時候可以藉由手淫來解放，並且享受一次愉快的性高潮！

2.不會破壞人際關係：手淫是DIY，是自己的事，與別人無關，對自己沒有壓力，也不會對別人造成壓力，更避免在性壓力膨脹到極點時對身旁的女性因情不自禁而出現言語或肢體的性騷擾。

3.釋放壓力，幫助睡眠：男人在白天工作壓力大，回家又難以拋下困擾，焦躁不能入睡，利用手淫把精液排出，在享受高潮的當下把壓力及煩惱也一併排出，全身放鬆，自然能安然入睡！

4.幫助調解夫妻性事不協調：可以減少和妻子床笫之間的不和，當男人興致勃勃時卻遭到妻子拒絕，很容易怒火攻心，這時，與其選擇和妻子吵架，不如自己手淫解決，事後女人必然會因為心生歉疚而找機會補償。

5.釋放性壓力：從社會安全的角度來說，如果男人有手淫的習慣，當性慾望高張當下藉由自慰就可以解決了，且射精後身心立即感覺疲累，攻擊性瞬間如煙霧消散，可大大減少如強暴、偷拍、跟蹤、猥褻等性侵害事件，女性的安全更有保障。

6.幫助更理性思考：男人手淫高潮射出精液的當下，因為瞬間耗費極大的能量，體力耗盡，頓時如脹滿的氣球消了氣，這時反而可以心平氣和的理性評估，對重大政策做出最佳決策。

據說日本德川時代，劍道之神宮本武藏在巖流島和年輕一輩的第一劍道高手佐佐木小次郎決戰的前一晚和愛人纏綿，並把精液排出一部份再入睡，翌日早晨在海邊沙灘和小次郎決鬥對峙時，才得以冷靜沈著、聚精會神地站立超過1個小時，並在小次郎開始心浮氣躁時，瞬間拔地躍起，凌空一劈，正中對方頭部，一招決定了勝負！從這個故事可以說明，男人藉由手淫把精液排出之後會比較冷靜，果然是事實。

為什麼男人愛去「阿公店」？

2019年底在中國武漢爆發新冠病毒群聚感染事件，由於對新種病毒的陌生，該病毒旋即在全球擴散，造成全人類恐慌。經過與病毒1年多的相處，人類漸漸找出與病毒共處的方法，如戴口罩、勤洗手、增強自身免疫力、避免群聚等，當然，疫苗的問市也給防疫提供了最強大的後盾。

從疫情爆發以來，台灣因各項優勢，比如衛生條件好、人民素質高、普遍有戴口罩的習慣、醫療資源充足、民眾有病就看醫生等，似乎與疫情隔絕，並被全球媒體封為「防疫模範生」。

怎知，在2021年5月，台灣竟爆發大規模染疫病例，連日確診人數破百，使得政府不得不加緊設篩查點，結果是「不篩不知道，一篩嚇一跳」，據專家推測，台灣不是沒有新冠病例，是因為一直沒做普篩，讓少數染疫者在社區間隱形擴散，專家更直言，其實疫情幾個月前就已經在台灣社區傳播開來！

而與每日確診人數飆升同樣讓人不解的是，為什麼那麼多確診者都不約而同去過萬華「阿公店」？而且多是「一去再去」？包括來自五股的獅子會前會長、來自高雄搭高鐵一日來回的某醫院行政人員、中華郵政員工、竹科外包廠男性員工、幾乎每天往返基隆/萬華的退休公務人員……，真是族繁不及備載！究竟什麼是「阿公店」？它為什麼有那麼大的吸引力？

阿公店是台北市萬華的「特產」，前身是當地的老人茶室，經過多年演變，目前的經營型態已和一般的地下酒家沒兩樣，許多甚至成為變相的脫衣陪酒酒店，陪酒小姐從老到少，從本土到外配（本土多為熟女，外籍多較年輕，有的只20、30多歲），更有許多是非法打工的外籍女子，從陪唱到伴遊，各種花招都因應時代與時俱進。

阿公店名稱的由來說法不一，最為人們熟知的還是從消費人口的特性而來。過去，在阿公店坐檯陪酒的多是年逾40，甚至是超過50、60歲以上的「阿媽級」女侍，捧場的男客也多以上了年紀的老人為主。久而久之，萬華區以老人為主要消費對象的女侍陪酒餐廳，就被稱之為阿公店。

說穿了，男人到「阿公店」就是為了解決性需求，膽子小的、口袋淺的，摸摸小手、摟摟腰，算是解決初階的性需求，要想深入的，只好自己想像或自行解決；膽子大的、口袋深的，特別是玩上癮的，只要出得起錢，什麼遊戲小姐都敢玩，如果還不盡興，那就帶出場，花點錢，完成「人與人的連結」（此説法為台灣政府對「性交易」的最新「模糊性」定義）。

要說「阿公店」的好玩之處，據「老司機」表示，萬華茶室大略分為幾種消費模式，有單純喝茶的清茶館、陪客人唱歌喝酒的阿公店，以及尺度較大的越南店；其中越南店主要由外籍女子坐檯，只要客人捨得給小費，小姐們往往敢脱、敢秀，刺激程度更勝酒店，可說是遠近馳名，這從新冠確診者的分布範圍之廣可以間接得到證實。

前台北市議員童仲彥也曾在YouTube上傳影片，標題大喇喇寫著「萬華茶室酒池肉林」，影片中只見長髮辣妹全身僅著紅色丁字褲，隨著音樂忘情地扭動身軀，不但直接抓男客的手揉胸，臀部還緊貼客人磨蹭，辣妹甚至玩到脱掉丁字褲，當場露出第三點，現場氣氛可說激情破表，難怪男人流連忘返。

據悉，越南妹之所以如此敢脱敢玩、做風大膽，是因為越南女子多是嫁來台灣，早就取得身分證，合法打工做起來較無顧忌；此外，越南是母系社會，女人必須負擔家計，來台就是為了賺錢寄回家鄉，坐檯時相當「敬業」，只要300元小費，給摸給親，甚至連出場交易也能商量。

「阿公店」固然好玩，況且這也是台灣南向經濟的一環，終究是難以禁絕，但在此疫情猛爆時期，不管是為防疫，還是為自身安全，奉勸「阿公店」愛好者們還是忍一忍，忍不住時，前文介紹的「手淫的好處」也有益身心健康，真的！

不管年齡多大，男人的好色之心皆同

男人不分年齡、不論貧富、教育程度高低、政治立場，好色成性這點皆同。

男人在性方面總是不負責任，瞻前不顧後，對誘惑缺乏抵抗力，很難產生免疫力，這點女人永遠不會理解，也不願去理解，中年男人遇到性感女人往往禁不住誘惑，輕易就忘記與自己生活在一起的女人，義無反顧的撲向前去，很少猶豫，那當下內心也鮮少有道德矛盾，好像機會來了沒有不把握的道理。

有個故事：有位竊賊順利打開了銀行的保險櫃，正努力把錢塞進袋子，這時，警察就站在背後等著逮捕他，人們事後問他：「你沒想到警察就站在你身後嗎？」他說，「當下我眼前只有一大堆讓我心動的鈔票，完全沒看到背後站著警察！」

確實，就如同影星成龍說的，「我犯了天下男人都會犯的錯誤！」說這話的當下，成龍的心情是何等輕鬆！但看在女人眼裡又是多麼不以為然？渡邊淳一說，「男人就好像非洲草原的動物，在性方面缺乏責任感，射後不理是自然的事，他們對異性的好感，到了最終還是為了性的交合，所以往往會令比較重視感情的女人傷透了心。」

據媒體報導，微軟總裁比爾．蓋茲的老婆和他鬧離婚的原因是比爾和高級淫媒艾普斯坦交往甚密，艾普斯坦擅長安排年輕、甚至是未成年女性和名流交媾。

根據業內人士爆料，比爾・蓋茲是個喜歡調情的「辦公室惡霸」。《商業內幕》報導，1988年的夏天，比爾蓋茲乘坐直升機前往阿爾卑斯山的滑雪勝地參加微軟的國際銷售會議，那年比爾・蓋茲33歲，前微軟出口經理葛萊佛斯（Dan Graves）回憶稱，某天晚上比爾・蓋茲與員工在小木屋裡暢飲直到黎明，清晨時他醒來，起身時差點被比爾・蓋茲絆倒，只見草坪上的比爾・蓋茲躺在一個女人身上，兩人依偎在一起。

消息曝光後，比爾・蓋茲與其公關團隊多年來精心維持的正派形象迅速崩解，許多女員工站出來講述比爾・蓋茲約她們出去吃飯的經驗，他多年前去脫衣舞俱樂部的細節也浮出水面。與此同時，比爾・蓋茲與「淫魔」艾普斯坦的往來，包括乘坐艾普斯坦的私人飛機至棕櫚灘遊玩等，不免受到外界的進一步檢視。

曾為比爾・蓋茲撰寫傳記的資深記者華勒絲（James Wallace）也證實，比爾・蓋茲27歲時就與大他13歲的已婚女性發生關係。華勒絲

向《商業內幕》表示，1973年進入哈佛就讀時，比爾．蓋茲個性變得更加自信，他開始在「波士頓戰區」徘徊，那裡以脫衣舞俱樂部、情色劇院、賣淫聞名，一度被稱為「撒旦的遊樂場」，比爾．蓋茲1994年接受《花花公子》採訪時也承認確實如此，但他表示去那裡不代表他參與了什麼，他說：「我只是去吃披薩、看書，看看那裡有什麼，然後吃了晚餐。」華勒絲也揭露比爾．蓋茲其他荒淫事蹟，像是邀請全裸夜總會的朋友及舞者到他的公寓裸泳等等。

總之，65歲的蓋茲和56歲的梅琳達結束了27年的婚姻，原因應該不只一個，但兩人離婚的關鍵還是在於蓋茲對別的女人在性方面的態度和興趣，這讓梅琳達耿耿於懷，終至難以忍受。

「淫魔」艾普斯坦

艾普斯坦（Jeffrey Epstein，1953～2019）為美國富豪，行事頗多爭議，常與富豪名流往來，包括美國前總統柯林頓、川普和英國安德魯王子等，這也為他博得「元首級淫媒」的稱號。

他曾因勸誘未成年少女賣淫而入監，2019年仍被囚禁的艾普斯坦在監所內昏厥，管理人員試圖急救並將他送醫，最後仍宣告死亡，據傳為自殺。

艾普斯坦涉嫌在2002～2005年間在他位於紐約曼哈頓和佛州棕櫚灘的住處性剝削數十名未成年少女，最小的只有14歲，他支付數百美元現金給受害人，要受害人替他按摩、提供性服務，並延攬其他少女，某位已成年的受害人指控艾普斯坦把她當「性奴」。

為什麼多數中年男人對婚內性生活不滿意？

根據調查，對自己後半生性生活滿意的男人可說是鳳毛麟角！縱使天天充滿奇異的幻想，每當和好友談起女人的話題興奮之情仍溢於言表，但是在尋常生活中，夫妻的性互動卻平淡無味，乏善可陳，大多數男人對此都會搖頭表示失望，並殷切期盼有機會碰到一次想像中的豔遇！

當被問到，「你希望在性生活中多加點什麼？」男人通常會覺得女人的性需求似乎不像男人想要的那麼多，那麼頻繁，而且儘管人們總說中年以後的女人是「虎狼之年」，但她們通常也不會主動向老公求愛。

有位男作家說，男人的性福全依賴女人的好心情；有位丈夫說，我們雖然一直睡在同一張床上，但她從來沒有以任何方式主動要求跟我做愛，如果我不想做，她就好像得到了解脫，熱戀時那種激情和彼此吸引的感覺已經徹底消失，我結婚20年了，覺得結婚挺好，不過遺憾的是我過著一種無性的生活。以上無疑是絕大多數中年男人普遍的心聲。

如果我們把中年的界線劃在50歲，一個健康的男人在50歲過後會有30年的無性生活，試想，這會是多大的折磨；事實上，男人在嚥下最後一口氣之前，性慾望及等待豔遇的性幻想是無時無刻不存在著。

然而已習慣有兒有女、事業也有點基礎，日常生活有妻子照顧的好男人，豔遇的夢想歸想，回到現實還是只能做做白日夢。試問這症狀有沒有解決藥方呢？如果你身體健康，並在物質條件也可以配合的情況下，以下試著指出幾條能滿足你性慾望的出路：

1.財力雄厚者，在外頭包養個紅粉知己，金錢可以讓女人滿足其物

質需要，是最好也最直接的溝通工具，女人也很喜歡，因為錢的用途全由她自己決定，花錢讓女人快樂，也等同替自己買享樂。但男人只要財力夠雄厚，便很難滿足只養一個小老婆的胃口，會一個接一個養下去，你看何鴻燊、王永慶、孫道存等巨富都不只有一個女人，可惜這條出路只有少數得天獨厚的男人可能實現。

2.外出打野食、找援交妹，這是一般中產階級男人收入負擔得起的出路，屬於比較可能實現的方式，但要注意避免染上性病及提防仙人跳。

3.網路搜尋一夜情，這仍要提防仙人跳及傳染病，且不測的因素難防。

4.參加網路號召舉辦的性愛轟趴，但這條出路染性病的機率很大。

5.嘗試開放式婚姻，夫妻形成默契，各自尋找異性伴侶當炮友、換妻，或找人一起參與3P、多P性愛活動。

6.回歸家庭，和妻子重啟肉體接觸，但這條出路被打回票的機率也很大。

哀哉，男人！

別讓無味的婚姻變成性愛殺手

美國作家哈格（Pamela Haag）在《婚姻的祕密》（Marriage Confidential）一書導言中點出婚姻制度已面臨左右為難的困境，一語戳中許多人的心窩。

她說，有種婚姻叫「半幸福婚姻」（semi-happy marriage），美國每年要發生100多萬件離婚案，十幾年前便有學者研究，低衝突、低壓力的不幸福婚姻就佔了所有婚姻的60%。

這種婚姻感覺有點不對勁，但又不至於到痛苦的地步；夫妻可能感到失望，卻不是慣性的不快樂，哈格表示，「他們對婚姻有種徘徊不去

長知識

何謂炮友？

純粹相約做愛的男女關係，炮友不是情人，彼此間不存在感情，甚至也稱不上朋友，兩人之間只為單純的做愛尋歡。

有人批評這種關係，表示男女雙方沒有感情，做愛不會有高品質的享受，但也有人從另一個角度看，因為不互相介入對方的情感及情緒，反而可以把心思全力放在做愛的當下，做愛的品質反而更好。

的悲哀感，但通常缺乏明顯、具體的理由。」

這種「半幸福婚姻」的成因包括：

1.工作與金錢：當愈來愈多女性走入職場，愈來愈多男性回歸家庭，家與工作開始產生化學變化，同事變得像家人，配偶卻變得像同事，婚姻中的浪漫消磨殆盡，許多夫妻變得更像人生旅程的伴侶，而不是愛人。

2.孩子的養育觀念不同造成夫妻不和：小孩的教養在現代社會中成了一門特殊的學問，這為婚姻帶來了壓力。夫妻變得不再對「婚姻」有承諾或執著，而只對「父母」這個角色投入，哈格甚至將小孩稱為「新配偶」。

3.外界的誘惑：性觀念開放，使「忠誠」在婚姻的優先序位一直往下掉，已婚的人妻、人夫為了證明自己仍有談戀愛的本錢，在獵物面前往往會使出渾身解數。

4.新科技助長：網路科技發達，虛擬世界成為隱藏婚外情的好幫手；另外，網路上瘋狂無極限的虛擬性愛，也讓很多人戒了呆板的婚姻性愛生活。

婚姻的第三條路

哈格認為，上世紀「浪漫」的婚姻典範正在崩解，21世紀的今日，社會已出現新型態的婚姻，以「外面傳統，裡面不傳統」的方式，嘗試走出「離婚或忍耐」以外的第三條路。

如果婚姻像白開水，可不可以「換妻」試試！

國學大師林語堂曾形容親吻自己的老婆「和白開水一樣乏味」，而他人的妻子往往是最漂亮的，只因為她是別人的妻子，而你得不到；對此，武俠小說大師古龍的表述就更直白了，他說，「別人的妻子是最性感的女人」；再後來，知名漫畫家朱德庸在漫畫中也問，「為什麼自己的妻子總是不如別人的妻子漂亮？」

這些大哉問的起源大抵還是因為婚後的生活確實乏味，甚至連親吻等情感交流的動作都像喝白開水一樣，我想這種現象應該是普遍存在著，且這種無味的日子過久了任誰都會膩，換妻的心理大概就因此而起。

在韓國影片《交換溫柔》（Butterfly Club，2001）中，主角夫妻的家庭生活沉悶又繁瑣，導致男女雙方都出現性冷淡，即使是在專家建議下刻意安排度假也無法有正常的性交流，於是男方在某些同事的慫恿鼓動下走進了俱樂部，並嘗試説服妻子一同前往，這事對男人來説或許掙扎少些，但寧願手淫而認為愛情應該和性結合在一起的女方卻是無法認同，直到有一天，她被同事在雨中露天強姦，事後，或許是為了維繫婚姻，她終於答應試一試。

影片點出換妻的兩個主要因素，一是主動因素，即婚姻出現了問題，包括生活的各個面向，當然也包括性；另一個是被動因素，也就是必須有人引導他們走進俱樂部，不斷灌輸他們這種行為是合理的，弱化道德對他們的控制。

這部影片露骨的床戲或許吸睛，但它最深刻的觀點其實是現代人對婚姻的失望——對大部分夫妻來説，交換，是一種無可奈何的淪落；它也點出，卸除掉人類文明自設的道德界線，人們一旦真的走進這個世界，能否適應及是否喜歡這種生活，取決於每個人心中對男女關係最原始的想像。

換妻，是實質的男女平等利益

「別人的老婆比較好！」是男人腦海中經常閃過的換妻夢。

「別人的老公都不會讓人失望！」是最近網路常出現的老婆怨言。

這些抱怨不是因為身邊的人不夠好，而是得不到的總是比較吸引人，如果能試試與別人的老公/老婆交歡，又不破壞婚姻基礎，豈不兩全其美！

換妻（這是約定俗成的說法，制度下，其實女人也換了夫），是夫妻之間相互公開的、雙方自願並共同達成協議的性行為模式，沒有侵害任何一方的利益，本質上是一件男女平等的事，既不損害夫或妻的個人利益，也不會威脅既有的夫妻關係。

婚姻專家認為，換妻沒有違反性學三原則——自願、私秘、成人之間，是公民的合法權利，所以沒有道德問題，應當受到保護，而且，換妻/換夫的好處還很多：

1.讓自己和配偶得到更多的性愛滿足。

2.通過交換，二人性愛變成多人性愛，獲得新鮮感，使性的刺激變得更為強烈，更能激發性愛熱情，滿足好奇心。

3.婚姻形式能夠被保持下來，如果是雙方自願且能夠遵守協議的話，不會因為婚外性愛而鬧離婚。

4.夫妻之間具有平等的機會。

5.換妻引入了競爭機制，激發夫妻之間的感情溝通和相互吸引、相互擁有的熱情。

男人在經過換妻後，對於妻子和其他男人上床往往會採取比較寬容

的態度，這個心結一旦打開，發現妻子仍然天天在身邊，一如過去照顧自己的生活，源自內心的不安全感便會消失，對妻子肉體的佔有慾會減輕，如果感受到妻子因此而更快樂，對自己的忠誠度仍然不變，還因為對丈夫給予的寬容和快樂充滿感激，必然對丈夫的感情更加深，丈夫不但不會嫉妒憤怒，反而樂見妻子向他坦白的外遇，且常常會轉而與妻子分享快樂，使夫妻感情更加緊密。

某換妻俱樂部的規章制度

為促使雙方認真考慮個人行為，尊重個人隱私，儘量避免不必要的糾紛及對家庭造成的傷害，本俱樂部特制定以下公約，希望雙方加以遵守，本俱樂部強烈譴責違反規則的行為。

1.充分尊重個人隱私，不得窺探打聽對方的地址、電話等個人資料。

2.充分尊重女方意願，未經女方同意，不得進行違背女方意願之行為，更不能採取非法手段達成目的，由此產生的嚴重後果，法律責任自負。

3.雙方應本著坦誠的態度進行交流，對個人的興趣、愛好、癖好，建議行前進行充分的溝通，以免雙方產生不快。

4.對於雙方的身體狀況，如是否有傳染性疾病等，請自覺加以證實及表明，避免產生嚴重後果。

5.雙方在交流過程中均不得使用傷害對方或使對方不適的手段，尤其男性請展現紳士風度，充分愛護、尊重女士。

6.雙方請提出具有法律效力、真實合法夫妻身份的證明。

7.若雙方有子女，請約束自身行為，避免給下一代帶來負面影響。

8.交流結束後，如一方沒有繼續交往的意願，另一方不得糾纏，即不能有破壞對方家庭的行為。

9.嚴禁任何一方產生金錢交易。

10.不得在公眾場所或有熟人知曉身份的場合做出與對方親密的行為。

以「開放式婚姻」替代離婚，現代夫妻生活的另一種選擇

加拿大一對皆年逾半百的夫妻，因為前任伴侶劈腿而認識，原先因為想報復前任而相偕上床，沒想到「一試成主顧」，兩人決定攜手探索「新領域」，之後他們不但參加了交換伴侶的活動，更開發多P性愛，最高紀錄是參加在泳池裡舉辦的20人雜交派對，由於感受其中的美好，立志要把這個經驗分享給更多人。

他們對性愛一直保持著開放的態度，且在嘗試了第一次「換妻性愛趴」之後便欲罷不能。接下來的10年，這對夫妻一起參加各式各樣的雜交、換伴侶趴，透過3P、4P甚至多P的性愛體驗，增加性生活的變化與樂趣，對於這種生活，他們表示，「我們很快樂、很健康、很瘋狂，彼此的關係也更加親密。」「換妻」或「開放婚姻」在人類社會的需求其實是相同的，但不同於性觀念較開放的西方社會，在亞洲，「換妻」或「開放婚姻」的組織及行為雖然也存在，但多數仍只能在「地下」進行。

開放式婚姻指夫妻兩人在結婚後，經雙方同意約定實行性生活隨意、互相不約束的生活方式。選擇開放式婚姻通常是出自以下幾種情況：

1.夫妻感情淡了。

2.其中一方或雙方想要在既有婚姻關係中激發新鮮感。

3.長期維持異地婚姻。

4.性事不合。

5.婚後喜歡上別人但不想放棄婚姻。

6.認為性、愛可以分離。

專門研究兩性關係演進的心理學家拉比爾（Douglas LaBier）指出，從心理學觀點來看，大家不應該武斷地認定開放式婚姻就一定不好，關鍵在於實行者的出發點是否是為了保持健康的親密關係。

拉比爾解釋，夫妻總希望從婚姻裡得到情感的滿足及慰藉，但對某些夫妻而言，他們認為，與其埋怨不和諧的婚姻關係，不如「給自己機會，也給對方出路」。拉比爾的研究顯示，擁有多重伴侶的人更有活力，調查也指出，40%的男性與25%的女性表示，如果能選擇，他們願意嘗試開放式關係。

雖然夫妻能白頭偕老是很美好的事，但如果兩人已失去共同生活的樂趣，而因為子女監護或財產分配，無意走向離婚一途，則不妨將開放式婚姻視為離婚以外的一種選擇。

長知識

台灣號稱歷史最悠久、最大的換妻俱樂部

「金鎖匙」成立至今已將近30年，業者不忌諱在網絡上架設官方網站，裡面不但有過程直擊，還有新手入門教學。想加入得先交5萬元入會費，之後每次參加活動還要另外收費。儘管價格昂貴，還是吸引不少人上門，據該組織表示，每天至少有幾百通詢問電話。

法國人的婚姻愛情觀

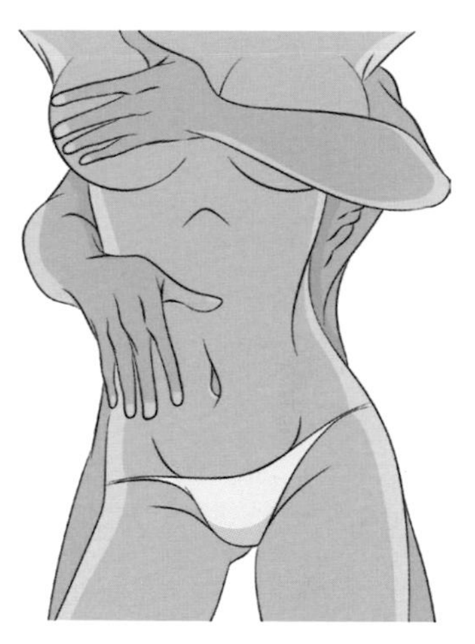

在法國，很少人會用「執子之手，與子偕老」來看待自己的感情與婚姻關係，法國人非常清楚「世事難料」，儘管與身邊這個人愛得死去活來，不代表下一刻不會有另一個更誘人的獵物出現在眼前，而且不管男人、女人都是如此！

當他們認清這個現實之後，便覺得應該在外貌、智慧、社會地位等各方面都要再努力一些，讓自己在「獵人」面前看起來更加「可口」；反之，他們也會時常外出尋找新的獵物。而且法國人不只在婚姻/愛情面前如此，調情甚至被認為屬於工作的一部份，愈賣力的人職場晉升的機會愈高。

電影《黃昏之戀》（Love in the Afternoon）中，一位人妻背著丈夫與情夫投宿酒店，戴綠帽的丈夫知情後氣憤難消，打電話跟女兒告狀，女兒趕緊打電話給當地的警方，請警察出面警告正在偷情的男女，不料警官竟意興闌珊地告訴她：「巴黎有22萬個旅館房間，任何一個晚上，類似的場景會在其中4萬個房間內上演，如果要我們一一去警告這些人，那我們得派出所有的警力，加上動員消防隊員及衛生部門人員，還有那些穿短褲的童軍，事情才能辦得成。」

對多數人而言，劈腿是一種背叛，是違反婚姻契約的行為，但是對法國人來說，已婚者發展婚外情反倒可能是讓婚姻保持良好運作的潤滑劑，它的好處包括：

1.夫妻得以繼續在一起，不必費事去辦離婚。

2.小孩不必經歷情感創傷。

3.不需經歷分配財產的痛苦過程，財務安全得以維持。

4.家族歷史得以延續。

5.照樣可以好好地與家人共度假期。

特別是婚外情如果能秘密地、在沒有人會受到傷害的情況下進行，那就更理想；一項調查顯示，46%的法國人認為偷情的人不應該跟另一半「坦白」。

對於淡而無味的婚姻，偷情或許不是最理想的解決方案，但為了上述理由，法國人認為偷情應該被包容，甚至他們已將這類議題提升到哲學思考的層次：如果性愛與浪漫的感覺在婚姻中已經褪色，那麼要求對方絕不能在外面追求浪漫與激情，這樣是公平的嗎？所有為了達到性愛目的而進行的誘惑遊戲，它所帶來的種種樂趣以及最終的性行為本身，真的都應該為了「忠貞」而被犧牲嗎？

在世界各地，如果丈夫外遇事跡敗露，一定會有罪惡感，接著不是兩個人分開，就是「罪人」懇求另一方原諒；在台灣，當然還要加上拉老婆出來一起向社會道歉，拜託社會再給他們一次自新的機會；在法國，這就顯得容易許多，只要好好保守秘密，或是取得家人的認可，那麼外遇根本就不是個事。

怎麼樣，羨慕嗎？如果你思想開放，當然可以選擇如同法國人的生活方式，但前提是你必須找到一個能跟你合拍的伴侶，在法律許可範圍內，你要換妻、劈腿、參加性愛派對，都是可以的，唯獨防疫期間，提醒你，避免室內5人以上群聚，並記得戴上口罩！

©dogmadesigns/123RF.COM

法國總統的那些情史

對於總統的婚戀關係，法國社會包容性很高，認為總統也有七情六慾，有沒有能力治國跟他們的情慾並無相關，也因此近代幾位法國總統的情史都很精彩。

密特朗（任期：1981～1995）

一位政績和私事都極富爭議的總統，他的風流在法國人盡皆知，他的情婦人數多不勝數，保持關係最長的是為他生下女兒的安妮·潘若，她毫不避諱陪密特朗出席各項活動。據悉，早在密特朗當選總統之前就和安妮半同居，但為了競選他沒有離婚，部分公開活動也還和妻子一起出席，但他大部分時間不是和妻兒住在官邸，而是和安妮母女住在一起。

1996年密特朗去逝，葬禮上安妮母女和密特朗的妻兒都出現了，全國人都從電視上看到了總統的兩個家庭。

席哈克（任期：1995～2007）

貝納黛特和席哈克結縭43年，育有兩個女兒，表面上看來這是一段美滿的婚姻，但貝納黛特曾在受訪時說席哈克「很有女人緣」，也提及她備受丈夫的婚外情困擾。坊間流傳許多關於席哈克的緋聞，他是唯一一個毫不猶豫離開妻子去找情人的總統，也曾被英國媒體嘲笑「幽會包括沖澡只要15分鐘」。

席哈克擔任總理時就勾搭上《費加洛報》的記者夏布里東，之後分別和女演員卡蒂納和記者佛里德利克搞曖昧，也被英國媒體揭發有日本情婦和私生子，20年間總共飛了日本40次。

薩科齊（任期：2007～2012）

薩科齊有三段婚姻。第一任妻子是瑪麗多米尼克，與第二任妻子的相遇堪稱傳奇，時任市長的薩科齊主持自己好友的婚禮，卻在婚禮現場愛上了當時的新娘塞西莉亞，她後來成為薩科齊的得力助手，甚至幫他競選成功，可惜這段婚姻不多久就結束了，傳聞是塞西莉亞愛上了別人，薩科齊成為首位在任期離婚的法國總統，但離婚僅四個月薩科齊就和第三任妻子卡拉布魯尼結婚了，2011年布魯尼為薩科齊生下女兒。法國社會普遍認為薩科齊和布魯尼在一起是意氣用事，傳聞在兩人婚前塞西莉亞給他下了最後通牒：只要你回來，我就把一切都取消！

歐蘭德（任期：2012～2017）

歐蘭德和羅雅爾在一起近30年，育有4個孩子但無婚姻關係，使他成為無第一夫人但獨有「第一女友」的法國總統，2007年兩人分手，歐蘭德開始和瓦萊麗交往，並在2014年分手，分手之後瓦萊麗出了一本書，披露和歐蘭德的感情內幕；當地小報還曾拍下歐蘭德半夜戴著安全帽、騎著摩托車去和女演員加耶幽會。

歐蘭德雖多情，但每段感情都沒能走到最後，使他成為法國第五共和以來唯一的單身總統，出席各種活動時第一夫人的位置總是空著。

法國民眾只拿政治人物的能力來評斷功過，不會去計較他們的私生活，這個浪漫國度的人民對政治人物公私分明的看法，也許才是值得世人借鏡的理性態度！

多情不是法國男人的專利，舉世皆同

在美國歷任總統中享有極高聲望，帶領美國走過上世紀30年代經濟大蕭條、挺過二次世界大戰的小羅斯福（Franklin D. Roosevelt），儘管體殘（小兒麻痺），但他的智慧與政治能力，不稍減他對佳人的吸引力。

1918年已婚的小羅斯福由歐洲視察回來，行李中一疊情書，妻子愛蓮娜才發現丈夫與露西的戀情，但根據推測，兩人已於1916年墜入愛河。事發後，小羅斯福向愛蓮娜保證結束這段戀情，不再與露西見面，但他始終沒忘懷露西。

有外遇的男人像上癮一樣，除非是自己厭倦了，否則不可能以發誓或保證來戒斷，小羅斯福與露西別後如何藕斷絲連已不可考，但是1933年小羅斯福就任總統時，他發函邀請露西出席就職典禮，露西則隱藏在人群中未表露身份，這是兩人「分手」後的第15年。儘管小羅斯福知道愛蓮娜為他政途的付出與在家庭不可或缺的地位，他還是無法遵守承諾，與情人一刀兩斷，何況那時露西已嫁作人婦，可見兩人牽繫之深已不是能夠輕言斬斷。

或許是國難當前，也或許是當時的資訊傳播不若今日便捷、迅速，總之當時的美國社會並未對這些事多做批評，這讓小羅斯福有足夠的能量及時間對付國內外的難題，帶領國家堅定往前，而奠定今日美國成為國際領袖的地位。

事實上，能力和私德不需相提並論

法國前總統密特朗被爆婚外生子，記者聞訊後如鯊魚嗅到血腥，堵住密特朗問他這事如何？密特朗輕描淡寫地回：「Et Alors！（那又如何！）」對這個答案感到無趣的記者紛紛如鳥獸散。之後，**《巴黎時報》的記者針對此事做了報導，文中稱「如果其中不牽涉貪汙、瀆職，政治人物對女性的交往我們不做追究，因為男女之事本為個人隱私，對此喋喋不休未免過於庸俗。」**

法國人不習慣把政治人物的私生活與其能力相提並論，政治的歸政治，私生活是個人的事，媒體儘管喜投人性之所好，自然也愛挖掘政客的腥羶色八卦，但不會把這些和他的政治能力連在一起。

政治上也沒有哪個人或哪個政黨利用揭露政敵的私生活企圖把對方扳倒，並且借機醜化對方，媒體也不會炒作醜聞要求政治人物下台，因為人民不會這麼想，政績好不好才是公眾決定支不支持這位政治人物的關鍵，至於緋聞，通常只當作茶餘飯後的談資，以幽默的態度看待。在法國，公德與私德，一碼歸一碼。

美國則繼承清教徒教義，重視家庭傳統，所以對政治人物的私生活格外重視，政治人物的道德形象被嚴格要求，如果政治人物的私生活不檢點，他的人格會受到質疑，終會危及他的政治生命。

台灣受美國政治文化影響甚深，但欠缺幽默感，也可能因為對政治人物的能力評價普遍不高，一旦有緋聞，媒體便大肆炒作，使其政治生命瞬間折損大半，甚至滅了頂，從此消失政壇，以致犯事者經常為了要平息風波，避免陰溝翻船，在情勢逼迫下召開記者會公開道歉，而且把老婆帶上場表演，用一場已經得到老婆原諒的劇碼來止血，說穿了都是媒體在背後一手主導，製造連續數集的肥皂劇，目的在增加收視率而已。

拋開道德枷鎖，男人無一不風流，而且似乎天才人物中性慾旺盛的比較多，說穿了就是自古英雄皆風流！事實上，能夠挺身而出引領人羣者，往往自身精力特別充沛，男性荷爾蒙分泌超過常人，他的慾望也同樣會特別旺盛，很難要求其兼具道德家的性格。況且，女人本就很容易被具有英雄氣概的領袖人物吸引，為之動容傾心而自動投懷送抱。所以，凡功成名就有權勢地位的政治人物、有巨大財富的知名企業家，因為甚易得女人的歡心，要求他們守身如玉，真的是難上加難。

如果國人對政客的風流事蹟可以用幽默一點的態度一笑置之，把它還給各自的家庭去處理，也許被背叛的妻子不必陪同在記者會上露臉，可免去再次傷害。

持平而論，公德與私德還是應該要分開看，一個男人的政治能力和私領域問題，事實上不宜相提並論，更直接地說，一個政治能力高明的男人最好可以不風流，但一個風流的男人不表示他的能力不行，社會大可抨擊政治人物的私生活，尤其是女性們，但不需一

併否定他們的政治能力。如果社會能用更寬容幽默的態度看待政治人物的私生活，也許我們可以少損失一些政壇的明日之星，讓更多有能力的人在政治舞台上替大家服務！

有台灣最美女董座相伴，王燕軍為何仍一男劈三女？

有台灣最美女董座之稱的陳敏薰，亮麗的外表，高貴的氣質，讓想拜倒在她裙下的男人如過江之鯽，但未婚佳人身邊有個已交往多年的男友，這個幸運的男人就是前總統李登輝辦公室主任王燕軍。

2014年8月，時年51的王燕軍經友人介紹認識當年44歲的陳敏薰，郎才女貌，消息曝光後引來各界注目，而本該受盡祝福的緣分，未料在隔年驚爆王燕軍一男劈三女，除了已認愛的陳敏薰，還有工程公司董事長王X娜、人妻主播呂X穎。

這齣劈腿戲碼最讓人咋舌之處還在於王男在短短兩週之間連劈三女。據媒體跟拍，某夜，陳敏薰與王燕軍共進晚餐，餐後陳敏薰小鳥依人地挽著王燕軍的手走出餐廳，像極了熱戀中的情侶；豈料相隔不到一星期，王燕軍接送的對象換成人妻主播呂X穎，王燕軍開車前往呂當時任職的電視台，將車停在旁邊的巷子等呂下班，人妻上車後車子一路開往鄰近電視台的精品旅館，兩人在裡面待了近3個小時，之後王男紳士的將人妻安全送抵家門口，依依不捨道別；再然後，王燕軍沒有直接回家，而是趕赴與另一位女性的幽會。

深夜11點，王燕軍出現在信義計畫區，與身價百億的女企業家王X娜肩並肩，一邊喝咖啡一邊談笑散步，最後一起走入王X娜的豪宅。王男驚人的電力，真是連年輕人都自嘆不如！

王燕軍雖曾被媒體拍到疑似劈腿，但似乎沒影響他與陳敏薰的感情，據了解，陳敏薰知道這件事後，照樣發揮了她處理企業危機的高EQ，態度也一如她一絲不苟、一點不張狂的外型，淡淡地給了一句，「人不可能一輩子不犯錯，願意再給他一次機會。」讓事情就這樣過去了！

這種際遇，我想全天下男人都要羨慕死了，也懷疑，為什麼已擁美女入懷，男人為什麼還要偷腥？要解開這個謎團，得要從「動物」性說起，男人是喜歡冒險的動物，俗話說：「妻不如妾，妾不如偷，偷不如偷不著」，短短幾個字充份描寫出男人內心的渴望，身邊的女人再美，久了也會膩，外面的女人混合了新奇、新鮮，外加找刺激的快感，一有機會，當獸性凌駕人性，劈腿的事情就這麼發生了！

不妨夫妻一起看A片

心理學家研究發現，夫妻一起看A片好處多多，不僅能夠增加夫妻間的生活情趣，更有利兩人發展和諧美好的性愛。

1.增進夫妻情趣：夫妻一起看A片一開始雖然會有一點尷尬，但習慣了以後這卻會成為夫妻間溝通感情非常好的橋樑，使雙方能更坦然地對待彼此，且兩人一起觀看時可以一邊討論，這對培養夫妻在實戰時的默契有很大幫助，更容易達到高潮。

2.學習性愛技巧：不想性生活總是一成不變，可以夫妻一起看成人片，還可經常變換不同的主題/場景，一起融入情境，這樣比起先生自己看更能帶動彼此的情緒，實戰時更能達到理想的效果。

3.緩解各種壓力：當夫妻雙方都承受著巨大的生活壓力，回家後總是默默無語、相敬如冰，長久如此必然會影響到夫妻的感情，據調查，如果夫妻長期不同房，婚姻出現裂痕的機率會大大提高。因此，當夫妻相處出現壓力時，不妨一起看看成人片，讓身心放鬆，也有助增進夫妻間的性福生活。

4.燃起性愛渴望：很多女性因為懷孕、生產、育兒等過程，開始對性愛失去慾望，很多時候就算丈夫要求，也只是敷衍了事，這通常是因為生活瑣事磨去了她們的激情。這時，為了提高夫妻間的性生活品質，兩人可以一起欣賞成人片，能有效帶動妻子對情慾的渴望。

男女交往或夫妻共同生活一段時間後，日子逐漸變得平淡無奇，性生活頻率也跟隨減少，由兩人共賞A片作為激情性愛的開幕式，是個簡單又經濟的好方法！

男人的婚外性生活——嫖妓

性慾是人的原始需求，滿足性慾是基本人權，但問題是人的性慾不能隨時隨地得到滿足，這可能是因為沒有固定的性伴侶，也可能雖然有固定的性伴侶，但因為以下各種情況而無法在需要時能順利滿足性慾：

1.性伴侶不在身邊。

2.性伴侶出於某種生理因素不能滿足其性慾。

3.出於某種心理原因不願意或不能和伴侶發生性行為，例如對伴侶感到厭倦。

有以上情況時，手淫和性幻想雖然也是可以替代的，但顯然不是最理想的方式（至少不符合動物本性），「一夜情」或許有很多人願意嘗試，但這關

乎「機運」，不是隨時想要都能遇上，況且自動送上門的一夜情存在許多犯罪的風險，一不小心吃不完還要兜著走。君不見國際外交戰、商戰，找不到對手弱點，要潑他髒水，最好的方法就是找一個美女上他的床、留下證據，輕輕鬆鬆就撂倒一個強勁對手。所以，男人要小心，天上掉下來的可能不是禮物，是炸彈！

那麼，「落單」的男人該怎麼解決性需求呢？有個雖不是萬全，卻是可以將就的選擇——嫖妓。

作為一種「交易」，男人嫖妓時要有兩大心理準備，免得到頭來成了花錢找罪受。一是不要和妓女談感情，她們都是逢場作戲，再好聽的讚美都是為了你荷包裡的錢；其次，不要期待妓女會叫床，有些比較敬業的或許會誇張地虛叫幾聲，那是希望顧客高興，不要信以為真，如果你不想聽，可以叫她不用那麼費勁，趕緊完事，銀貨兩訖，拍拍屁股走人。

如果一個人有穩定而和諧的性生活，那麼他顯然沒有足夠的理由去

嫖妓，也就是說，之所以選擇嫖妓，主要是因為性需要得不到滿足，在這種情況下，為顧及身心健康，只要交易雙方出於自願，且在兼顧衛生及生命安全的情況下，以嫖妓來滿足性需求也未嘗不可。

長知識

嫖妓的代價

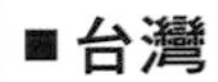

■ **台灣**

每40分鐘3000～5000元+旅館費

■ **中國**

每次90～100美元，18～25歲

■ **日本**

（大阪）飛田：每30分鐘185美元，20～25歲

（東京）鶯谷：每次200美元，韓系小模

■ **香港**

樓鳳：每次50～60美元，20～25歲

外送：每次110美元，中國小模

■ **韓國**

紅燈區：每次70美元，20～28歲

外送：每次200美元，小模

■ **泰國**

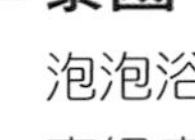

泡泡浴：每次100美元，18～25歲

高級店：每次200美元，泰系小模

熟齡離婚近年大幅增加

根據內政部統計資料顯示，近10年來我國55歲以上，不論男女，離婚人數皆逐年攀升，男性人數雖多於女性，但65歲以上離婚的女性人數卻有倍增的現象。

比較近年國人離婚趨勢顯示，從2013～2019年，結婚30年以上的銀髮夫妻，離婚對數從2435對一路增加到3143對，全體離婚占比從4.54%增加至5.78%；結婚25～29年的夫妻離婚對數也逐年攀升，從2083對增加到2598對，占比從3.89%增加至4.78%，近10年中只有2018年比前一年略減，其餘皆為增加。

進一步分析，2019年離婚者的年齡段以35～39歲最多，共4579對；其次是男40～44歲、女35～39歲共3590對；再次為30～34歲共3284對，65歲以上離婚對數為694對。

以男女離婚年齡分析，近10年內，55歲以上男女離婚比例都有提高的趨勢，女性增幅大於男性；65歲以上的離婚人數也出現增加的趨勢，分別是：

男性：2011年為1839人，2013、2014年略減，之後一路爬升，2019年離婚人數為2133人。

女性：2011年為317人，2012年增為395人，2013年略減，2014年之後逐年增加，至2019年增為781人，短短幾年，熟齡女性離婚人數出現倍增的現象。

根據國外研究發現，熟齡離婚近年確實呈快速上升的趨勢，這股風潮從西洋吹到東洋，再從東洋吹到台灣，由於台灣65歲以上女性普遍接受過中等以上教育（我國從1968年開始實施9年義務教育），甚至是高等教育，這幫助她們有知識、有觀點、有基本謀生能力，當夫妻關係不再和諧，或已淡如雞肋，在子女已然成年之時，這些女性便毅然斬斷這種毫無意義的法律聯繫，在中年之後做回自己。

為什麼他們選擇熟齡離婚？——比爾．蓋茨、貝佐斯

2019年，全球首富、亞馬遜（Amazon）創辦人貝佐斯與結縭25年的妻子麥肯琪．史考特宣布離婚，據報導，離婚主因是貝佐斯偷吃冶豔人妻主播桑琪絲，根據協議，麥肯琪同意只拿兩人持有的亞馬遜股票中的25%，亦即離婚後她分得4%亞馬遜股權，而貝佐斯保有12%，女方看似對出軌的丈夫手下留情，其實這是一筆高達380億美元（約台幣1.15兆）的分手費。

無獨有偶，全球科技巨擘微軟（Microsoft）總裁比爾．蓋茲也在2021年宣布與結縭27年的妻子離婚，即使要為此付出近1.5兆台幣的代價，蓋茲仍是眉頭不皺一下，放下婚姻，做回自己。

圖／翻攝自Bill Gates IG

這樁舉世注目的離婚事件，注定很長一段時間要成為人們八卦閒聊的談資，有網路漫畫就直言蓋茲離婚是因為「微軟」，也善意提醒畫面中苦著一張臉的蓋茲，關於「微軟」這件事，「Androgel」

（昂斯妥凝膠，補充男性荷爾蒙的處方用藥）可以幫忙。

我們當然知道蓋茲離婚不是因為這個「微軟」，而正是因為他太在乎他於1975年創辦的微軟公司，老婆抱怨早年她帶著三個孩子，忙得不可開交，要蓋茲幫忙伸把手，他的眼中卻只有事業。

很多女性選擇離婚確實是因為另一伴太忽略自己了，有些男人是為了事業，有些男人是在婚後仍然如同單身時玩得忘乎所以，長時間將妻子晾在一旁，久了，這種如雞肋「食之無味，棄之可惜」的婚姻，便在孩子漸漸長成之後，嘎然畫下句點，而這現象不只在歐美、日本蔚為風潮，近年來自主意識日漸抬頭的台灣女性，也愈來愈多在中年時選擇離婚。

前面說蓋茲因為「微軟」搞得老婆要跟他鬧離婚，此推測或許不實，但不可否認，男人因為下半身「不堅」，導致婚姻無法維繫的事件所在多有，若有這類情況千萬別諱疾忌醫，造成男性性功能障礙的原因很多，在醫學發達的今日已可提供明確的診斷及必要的協助，患者與其私下擔心或是尋求偏方，不如尋求正規治療，也許只要一粒藍色小藥丸，就能讓你重振往日雄風，重享夫妻的往日親密。

回頭來關心比爾．蓋茲的離婚事件，原因除了有先前「微軟」的不實猜測，比較可信的是夫妻關係失和，但最近另有關於比爾．蓋茲長期有不當男女關係的說法。根據《華爾街日報》報導，微軟董事會早在2020年即決定共同創辦人比爾．蓋茲過去曾因與微軟女性職員有過不當的男女關係，調查期間不適宜繼續擔任董事會成員的裁定，文中並引述多個匿名消息指出，微軟一名女性工程師在信件中自稱曾與比爾．蓋茲維持過多年的男女關係，微軟董事會得知後於2019年底雇請法律公司進行調查。

看來，熟齡夫妻會走上離婚這條路，都不會只有單一因素，都說勸

合不勸離，但婚姻如人飲水，冷暖自知，有時選擇離開或許可以讓自己更好過，又或許，下一個男人/女人會更好。

日本老男人遭受「妻害」奮起自救

根據日本媒體報導：日本社會出現一個新名詞——妻害（發音與日語「災害」相同），指一生埋頭工作、什麼家務都不會的日本男人，在退休之際突然被當作「粗大垃圾」掃地出門，且剛領到的養老金還要跟妻子平分。

對於勞碌一生的日本男人來說，這種老年「失妻」如同遭受一場滅頂之災，事實上，很多日本老男人被妻子「拋棄」後，因為無法照顧自己而出現各種生活問題，有的生病沒人照顧，有的終日沉迷逛紅燈區，還有的因為寂寞難耐主動犯罪期待「被關注」。

根據統計，2010年度，日本65歲及以上的犯罪人數為2.7萬多人，其中很大一部分是老年離婚的單身男性。警方調查顯示，52.9%的人稱犯罪原因是「只剩自己一個人，缺乏生存動力」，41.2%稱「因為太寂寞」。日本老男人淪落至此，悲慘境遇令人不勝唏噓。

另一項調查顯示，日本每4對夫妻就有1對離婚，且熟齡離婚的比率近年呈倍數成長，而老年夫妻離婚案件中多數是由妻子提出，究其原因，與源於日本政府自2007年出臺的新「養老金分配制度」不無關係。

日本的養老金過去是按工作年限及月薪多少來支付，工作年資越長、月薪越高的人養老金就越高。因此，男性的養老金比女性高出很多，家庭主婦則無退休金可領，這使得很多高齡女性一旦離婚便會失去生活保障。

為了改善這種歧視性的制度，日本在2007年修改了「養老金分配制度」，所有在2007年4月1日以後離婚的夫妻必須平分養老金，哪怕是一天都沒工作過的家庭主婦，也可以在離婚後每個月固定領取丈夫的一半養老金。

於是，許多常年在家裡「茶來伸手，飯來張口」，甚至總是對妻子頤指氣使的丈夫們，退休後首先就面臨妻子的一紙休書，長期受欺壓的妻子們終於等到這一天，爽快地將已無利用價值的丈夫一腳踢出門！

日本男人除了很少分擔家務，對妻子也總是愛理不理，這也為他們老年的悲慘遭遇埋下禍根，為了逆轉這種劣勢，日本社會近年來開始出現「愛妻家協會」、「全日本男子自救協會」等組織，這些組織要求會員「勤於對妻子道謝」、「敢於對妻子道歉」、「樂於對妻子說我愛你」，希望能提高自己在婚姻裡的存活率，讓「妻害」的程度能夠降低一些。

丈夫不要忽略妻子50歲以後仍有性慾！

一般人總認為女性在更年期以後便不再有性慾，或「不該」再有性慾，其實這是一種反生物原理的謬誤。

從更年期女性生理變化的研究來看，更年期女性的性慾不應當是減退，反而應該有所增強。因為從性原動力學說來看，不論男女性慾的產生均與雄激素（睪固酮）有關，更年期女性的雌激素分泌雖然減少了，但雄激素分泌並沒有減少，反而相對提高了，所以如果有些女性在更年期過後出現性慾減退的現象，常常是心理因素所造成。

女性到中年性慾仍熾烈，清末慈禧太后可說是大家熟知的代表人物。

慈禧一生風光，但她的生活並不如外界想像中那麼適意，儘管權傾天下，但她26歲便死了丈夫，在這個女人如狼似虎的年紀即守寡，怎能耐得住寂寞？於是各種慈禧太后放蕩不羈、淫亂後宮的傳言便不脛而走。

李蓮英

慈禧太后

相傳，慈禧很早就與恭親王奕訢交好，在她剛入宮時兩人便已私通，且經常趁別人不注意時偷情狂歡；另外，在慈禧大權鞏固之後則專寵榮祿（晚清軍事家、末代皇帝溥儀的外祖父），相傳兩人經常私通淫亂；再之後，慈禧又將眼光投到貼身侍奉的李蓮英和安德海身上，儘管太監不能給慈禧生理上的享受，但透過巧手也能讓她得到刺激和快感；更甚者，在1976年出版的《太后與我》（中譯本），作者巴恪思爵士（英國貴族）在書中揭露時年32的他與70歲慈禧穢亂清宮的種種經歷，書中關於淫亂情節的文字描寫極為煽情露骨，有人形容「不忍卒睹」，但儘管內容的真實性遭質疑，相信仍反映出部分的歷史真實。

回頭來說李蓮英，傳說，有兩項「絕技」讓他贏得慈禧的萬般寵愛，一是按摩，每當慈禧身體稍有不適，經過李蓮英的巧手，便會覺得通體舒暢；二是梳頭，李蓮英不但擅長幫慈禧梳頭，甚至還能自創新的頭妝，讓慈禧對他讚譽有加。

也有鄉野傳說指出，李蓮英能得到慈禧的寵愛在於他靈巧的「手技」，儘管已無「下身」，但他的雙手還是很萬能的，除了梳頭、按摩，他也能把床上的慈禧侍候得服服貼貼；還有一說是李蓮英經常服侍慈禧入浴。

要說古代的宮中太監之所以能養得一手絕技，這得拜「對食」制度之賜。「對食」原義是指搭夥共食，而太監和宮女對食其實是指太監和宮女假扮夫妻，結成假性性伴侶，以彼此慰藉深宮寂寞。

對食最早見於漢代，隋唐五代的《宮詞》也大致反映此時宮中有對食的現象，及至明代，宦官與宮女對食的情形已相當普遍，甚至宮女入宮很久而無對食會被同伴取笑為「棄物」。

在此無意追究舊社會的宮廷禮義，但有一些事情是千古不變的，那便是人類的性慾，不論男女，無分年紀，即使權傾、即使落魄，凡人性慾皆一般，無須逃避，也不需忌諱，只要不妨礙他人，你情我願，外人又何需贅言！

封閉保守的古人如此，思想解放的現代人又怎能落後？甚且，古人的智慧也有值得現代人取法之處，例如太監的「手技」就是一套歷久不衰的性愛寶典。當男人永久或暫時不能正常勃起時，使用萬能的雙手就能讓女伴激情升天！而太監能，一般男人當然也能。

怎麼做呢？用食指及中指，微屈輪流探入陰道，挑逗G點，或在陰道口用手指繞著圈轉，或輕輕撫弄陰蒂，都是取悅女伴的好方法；男人們一定要記住，不管你行不行，要取悅女伴有雙手就行，因為陰蒂就是女人滿足性高潮不能忽略的小宇宙！

大腦是人體最大的性器官

人體中能感受到歡愉的器官是大腦，性愛是大腦與大腦間的交流，親吻、愛撫、性交等全部訊息，傳至大腦後才會出現快感，甚至連高潮也是由大腦傳遞出的指令。

即令你吃了威而鋼，也要大腦有做愛的念頭陰莖才能勃起。當你面對60歲的老婆，不會勃起是因為你不想跟她做愛，可是當你轉個念，願意和她做愛，你的陰莖就會勃起。所以雖然和老婆已經多年沒有做愛，換個心情，其實還可以再嘗試一下。時下有不少50歲以上的女人和比她年輕10～20歲的男人做愛，你為什麼不能和自己的老婆做愛？

男人有錢有權勢以後還想要什麼？

對一些有錢有權的男人來說，擁有老婆以外的情人如同是身份地位的昇華，但這都是不能說的秘密。前幾年有一則報導：在緊鄰香港的深圳街頭一幢30層大廈邊上，每到週末下午就集結十幾輛香港車牌的車，因為這裡住了許多「小三」，這樓被人們稱之為「小三城」，包養「小三」的多數都是權貴。

男人到達一定年紀，特別是家庭事業趨於穩定之後，發現人生沒什麼追求了，於是開始想要找刺激，證明自己還年輕。據非正式統計，半數以上的男人都曾有過外遇，不出軌的也有，無非就兩個原因，一是沒機會，二是沒錢，就像一則笑話說的：99%男人有了錢就會找小三，剩下的1%老婆比他更有錢。

不可否認，這個社會存在一種「不找小三就不算成功男人」的扭曲現象，很多男人參加聚會比完事業比房車，再來就是比小三。男人也是有虛榮心的，朋友們都左擁右抱兩個老婆，一個在家、一個在外，一個有名、一個有實，看著看著心裡就癢癢的，也開始找小三、小四、小五，無非是想拼搏一下面子。

還有就是男人總是管不住自己的下半身，不管貴如美國前總統柯林頓、英國查理王子，甚至連形象一向良好的微軟總裁比爾·蓋茲都相繼傳出緋聞，台灣的政治人物更不用提，每隔一段時間「腥聞」主角便換人當。

根據非正式統計，男人35～45歲最容易管不住自己的下半身，原因在於這個年齡段是男人最有魅力的時候，事業有了基本成就，家庭生活也大致步上軌道，見異思遷的心便油然而生。

男人天生有錢就想做怪，當他發現身邊的朋友開始帶著年輕漂亮的女人參加各種聚會，中年男人的心便跟著蠢蠢欲動。

另外，人到中年以後愈是怕老，愈想證明自己還不老，怎麼證明呢？有些男人就通過出軌，找比自己年輕許多的女人來證明自己還行、對異性還有吸引力，以此維持一種「我還年輕」的假象。

再者，中年男人結婚多年，和老婆之間只剩親情沒有激情，身邊卻有那麼多充滿著新鮮感的誘惑，一不小心就出軌了！而且，「中年大叔」談戀愛還有以下幾個優勢：

1.熟諳女性心理，溫柔體貼，給年輕女人提供十足的安全感。

2.充分了解女人身體的性感帶及生理需求，做愛技巧純熟，床上表現讓女人大為讚賞。

3.雄厚的財力及地位名望對女人具有無邊的吸引力，所謂「權力是

最好的春藥」就是這個意思。

被李敖封為「國內最有智慧的才女」的陳文茜，她在新作《終於，還是愛了》中就提到，「渴望愛雖是人的本性，卻只是上了年紀男人的專利品。他們的成功、地位，或是累積的生活智慧，擋卻了老人斑、啤酒肚，和早已變形的身材。」

但以才女的智慧，當然不會只推崇中年大叔仍有愛的誘惑力，她以自己為例，即使已年過花甲，她仍然想愛，而且不在乎世俗的眼光，勇敢地說出，「我為什麼要向這個歧視女性的社會投降？我為什麼不能在千千萬萬人中，尋一人，長伴此生？」

果然是好樣的，誰說有權有勢的男人才有花心的本錢，21世紀新人類要勇敢做自己，想愛就愛，管你流言蜚語，但前提是你/妳要保證即使失去一半的財產，眉頭都不會皺一下！

年齡是不是問題？

82歲諾貝爾物理學獎得主楊振寧娶28歲女助理；86歲「鬼故事大師」司馬中原迷戀相差30多歲的熟女，差點為她賣掉價值上億元的房產；國民黨大老、高齡88歲的總統府前資政徐立德，元配過世4年後與當時47歲、與他相差35歲的女音樂家再婚。

從這些案例來看，男女相處，年齡真的不是問題，楊振寧的婚姻就堪稱幸福，但老少配真的沒問題嗎？客觀上來說，性生活不協調是最可能出現的問題。

作為夫妻性生活必不可少，這一老一少就免不了生理年齡的差距，一旦需求得不到滿足，就有可能發生問題。報載一老夫娶了少妻，丈夫為了滿足嫩妻的性慾，從網路徵得一男子，每週一次讓老婆和這男人在汽車旅

館幽會，初期大家都很開心，先生滿足了老婆的性需求、老婆得到了性滿足、男人有錢賺還得到性快感，丈夫為自己的好點子洋洋得意。接著，嫩妻的要求越來越多，要求一週三次，男子嚇得不敢接「應召」電話，惹得夫妻特地跑到男子上班的地方找人，結果鬧成「腥」聞一樁。

可見，年輕老婆因為慾求不滿而出軌是老少配男人心中的痛，所幸，現代有了藍色小藥丸、睪固酮、按摩棒等這些玩意兒，應可稍解少妻的情慾荒，讓老男人適時喘一口氣！

姊弟戀的致命吸引力

女人的臉老化得比身體快，許多女人已經50歲了，下半身的肌膚仍然像30歲一樣年輕細緻，性感的體態也不輸20多歲的年輕女性，再加上全身的性感帶經過無數次的做愛享樂，已經大致被開發成熟，做愛時可以更放膽去享受，行為更加主動，這樣的條件相加後更能夠激發男人的性慾，使做愛的過程更有趣，內容更豐富，無怪乎時下女大男小的配對愈來愈多。

其實，女大男小在性愛上是最理想的配對，女人過了40歲心理上相對成熟，也已經有足夠的性愛經驗，知道如何品嘗做愛的滋味，且熟齡女子的性慾正炙，而她周遭一起成長的男人卻大多年齡相仿，性能力大多已經開始衰退，一天最多能射精兩次，且陰莖的堅挺度也大不如前！這時只有20多歲血氣方剛、體力能配合她的男人才足以滿足她的性需求。

熟女對做愛的享樂早已精通個中三昧，她的溫柔體貼，成熟放蕩的風韻及豐富的性技巧，對尚缺乏足夠性經驗的年輕人來說，堪稱是滿漢全席，如入情慾寶山，當然樂不思蜀！

身邊關於女大男小的戀情時有所聞，我知道了都會帶著羨慕的心情祝福她們！但我也要提醒身邊已經有熟女相伴的男士，不要忽視這些熟女們，她們沒對你施展媚力，可能是你平常即對此視而不見，只一心想外求，其實年輕未必是本錢，熟女性經驗豐富，性慾及性能力可能更強，做愛時讓男人如癡如醉，更能長久維繫雙方感情的溫度。

看看他們的一夫多妻是怎麼回事？

伊斯蘭教

伊斯蘭教聖典《古蘭經》中明列穆斯林男子最多可有四位妻子，傳統上他們在迎娶第二位妻子時不需要得到第一位妻子的同意，因為經文及聖訓都沒有這樣的規定。不過，現代許多穆斯林國家都規定他們需要取得第一位妻子的同意才可再娶；另外，丈夫需要公平地對待每一位妻子，不能為了取悅其中一位而傷害另一位，如果不能做到這個要求則只能娶一妻。

伊斯蘭教雖允許有限制的一夫多妻，但並不鼓勵，理想家庭仍是一夫一妻，且多數穆斯林的婚姻都是如此。

長知識

伊斯蘭教為什麼允許「一夫多妻」？

大家都知道中東地區在歷史上戰爭頻繁，伊斯蘭教最初允許多妻制的原因不是為了滿足男人的性慾，而是為了解決因戰爭留下的遺孀和孤兒的問題。在戰爭年代，許多婦女無法找到丈夫，所以他們寧願共事一個丈夫，也不願單身一人。

摩門教

耶穌基督後期聖徒教會的摩門教徒領袖楊百翰（Brigham Young）表示，一夫多妻是教徒神聖的使命，並宣佈這是該教派的正式教規，他還以身作則，總計他一生有55個妻子和59個孩子。直到1930年代，這種行為才被教會摒棄，並被該教派所在的美國猶他州禁止，違者可處以監禁和高額罰款。

摩門教徒領袖楊百翰

該教派的一夫多妻制可回溯至聖經時代。神有時為了完成祂特定的目的，會透過先知准許多重婚姻的制度，幾位經文中的人物像是亞伯拉罕、雅各、大衛、摩西等人都有多位妻子，但那並非像一些批評所指控的是為了縱慾，而是只有在主的吩咐下才能實行，做為對聖徒的信心考驗，並讓配稱的女性有機會印證到永恆家庭中。

到了19世紀末，該行為不見容於當時的社會，教會第四任會長先知惠福．伍獲得啟示，指示教會應該停止實行一夫多妻，使這個制度在1890年左右正式告終。如今，所存教徒在以畜牧業為主位於猶他州和亞利桑那州邊境的偏遠小鎮定居，這裡只有少數居民，是躲避聯邦法警搜查的絕佳地點。

不丹

位於喜馬拉雅山腳下的小國不丹，人口不到百萬，經濟相對落後，是世界上最不發達的國家之一，但卻是世界幸福指數最高的國家。

因為封閉，所以仍然很傳統，直到20世紀中葉之前，不丹仍是一夫多妻、一妻多夫、一夫一妻並存的社會，1953年，吉格梅．多爾吉．旺楚克國王宣布廢除一妻多夫制，並對一夫多妻做了限制。規定一個男人最多只能有三個妻子，並且在娶新妻子之前必須徵得元配妻子的同意，否則就不能再娶；婚後，女方可以到男方家生活，改變過去男性必須入贅女方家的生活習慣。

1980年，不丹皇家政府制定了《婚姻法》，宣布實行一夫一妻制，廢除一妻多夫和一夫多妻制，並禁止童婚，但因為傳統習俗及歷史因素使然，不丹仍是少數可實行一妻多夫及一夫多妻的國家，但前提是需要婚姻雙方同意。不丹的四世國王（現任國王的父親）就同時迎娶了四姊妹，不少富人也仍娶多個妻子，且一妻多夫在不丹北部地區也還存在。

不丹的一妻多夫制很特別，一個家庭中若有多個兄弟，大哥娶妻之後其他兄弟可以不用再娶，共同擁有大哥的妻子就可以了；反之，如果丈夫想娶妾，只要徵得大老婆同意就可以。

不丹人的幸福指數那麼高，是否和一妻多夫或一夫多妻的婚姻制度有關，在離婚率一直攀升的今日，值得大家深思！

CH9

更年期後的性愛

到老都要享受性愛——熟年有性更健康！

由於醫療科技的發展，人類壽命不斷延長，現代人不只求活得老，更想要活得好、活得精彩，使得近年來熟齡人口對於性的關注似乎提高不少。

一份利用電子郵件對1千位60歲以上男女進行的調查結果顯示：約有五成的夫妻依然享有性生活，且每3對裡就有1對每個月至少行房1次。

性慾其實源於人類的生物

本能，德國文豪歌德70歲之後仍與17歲的少女認真談戀愛，甚至要和對方結婚；日本文學作家物集高量更在他邁入百歲之際，在電視節目裡說：我正和第33位情人戀愛中；人稱李大師、情史相當豐富的李敖，被問到一生交往過多少女朋友，他驕傲地回答：「不計其數！」而他教人克服失戀、失婚、失丈夫的方法，不是寫日記，也不是找誰泣訴，而是「沒有了蘋果，立刻找香蕉」，也就是馬上另結新歡。

不管是歌德、物集，還是李敖，即使到了高齡，對於異性的渴望仍未枯竭，依舊燃燒著熾烈的慾望，直到人生的最終。從某種意義上來說，這樣的精彩人生著實讓人羨慕。

更年期過後仍有性生活其實是很健康、很自然的事，不管多老，男人從不避諱他們對性的渴望，他們認為心中有性生命才有意義，而且不只要心中有性，還要努力去實踐！

至於女性，過去錯誤的觀念認為女人有性慾是淫蕩、不知羞恥的，且在生育任務結束或停經後就應該終止性生活，這讓她們不敢對性有過多渴望，及至熟年，又因為荷爾蒙分泌減少造成陰道萎縮、乾澀等問題，讓更年期過後的女性對性交避之唯恐不及。

熟年女性對性慾望的自我束縛，無疑也對她們的伴侶造成性災難，所幸近年有了荷爾蒙補充療法，加上思想解放，讓許多熟齡女性的人生徹底顛覆，性生活成為她們人生的享受，當然，也造福許多熟年男性！感謝上帝！

有性，讓老年生活更有品質

許多男人認為「有性，人生才有意義」，這從一則新聞事件可以得到證實：一個90多歲的老先生因急性心肌梗塞被送進醫院，醫師費盡心力把他從鬼門關前救了回來，幾個月後老先生回診，抱怨他原本每週一次的性生活現在沒有了，讓他生不如死，指控醫師「沒有醫德」，只醫心臟，不管病人的性福！

這個故事乍聽是老先生無理，深入想想，這位老先生好像也沒説錯。試想，如果人能活到近百歲，身邊仍有親愛的人能一起享受性生活，無疑是人生最美好的事，無奈醫生不解人生趣味，讓他的病人儘管能續命，卻失去了活著最美好的滋味。

到死都要性，老年醫學專家說：「如果你保持健康，有一個好的伴侶，一直到死之前，你都可以享受性生活。」研究發現，50～80歲人口中，50%的男性、40%的女性仍有性生活；另根據某大學對60～80歲年長者進行的一項「是否仍有性慾」的調查結果顯示，95%的男性、

80%的女性回答「是」！

更深入一點觀察，80歲以上的男性，完全沒有性生活的比例佔57%，每個月1～2次的比例佔3.5%，驚人的是，每個月3次以上者竟還有1%；在勃起狀態方面，完全不行的佔32%，偶爾勃起的佔40%，經常勃起的佔3%。

而老年女性的性生活狀態則與男性處於相對應的關係，總體來說，隨著年紀增長，男性的性意識逐漸降低，女性則逐漸旺盛，只要男性主動要求，老年女性通常願意接受。究其原因，這與女性的性特點有關，因為隨著年齡遞增，女性愈來愈能坦然面對自己的性慾望，且女性不像男性那樣需要有勃起的過程，也就是滿足性慾對女性來說相對容易一些，日本情慾書寫大師渡邊淳一在《復樂園》一書中就精闢地描寫一位老妓女談到女人的性慾時，借用她手裡的火盆說：女人是直到變成灰燼才會斷念啊！

關於性慾，男女大不同，男人想到的幾乎都是性交，而女人較渴望的是愛撫、肌膚接觸，或是言語上的安慰。一位78歲的老教授，太太52歲，已經多年沒有性交，但老教授的太太說：「他每天握著我的手睡覺，我就感覺到安心。」

總之，認為老年人不應該有性愛或沒有性慾是非常錯誤的觀念。渡邊淳一在《復樂園》中也一再提到，一般來說，荷爾蒙的分泌會隨者年齡增加而減少，但與性啟動相關的性荷爾蒙在50歲過後不僅沒有減少，甚至會增加，而且男女都一樣，可以說，性慾是人類一直保持到生命最終、最具有人性的能力，輕視性慾無疑就是對人性的褻瀆。

性生活帶來的親密關係對男女雙方的身心都有好處，老化帶來的身體不適與心情沮喪，會因伴侶的接納和認可而得到緩解，必須承認，有

性生活讓人活得更健康、生命品質更好。

且不只老年男性應該享受性生活，老年女性也不要輕言放棄，甚至，女人愈老愈可以擁有高品質的性生活，因為女人年輕時有月經、懷孕、育兒等種種困擾，更年期過後這些困擾沒有了，反而更能放開心情享受性生活。

適度的性生活可以讓人心情愉悅，擁有性生活的女性對婚姻的滿意度和幸福感都比較高，日本女性老後醫學主張，性行為可以使體溫升高，讓陰道、子宮、卵巢血液循環變好，荷爾蒙平衡，頭髮及皮膚有光澤，而且和自己所愛的人親密接觸，可刺激副交感神經，降低焦躁情緒，幫助提升睡眠品質，好處這麼多，當然可以使生活品質更好、更長壽。

熟年夫妻性愛可以用口愛與手愛來代替陰道性交，不但可以給女性更多變化的享受，也更容易達到高潮，還有助減輕、分散男性勃起的壓力！

渡邊淳一的《復樂園（Et alors）》

情慾書寫大師繼風靡全球的《失樂園》後的續作，與《欲樂園》號稱「樂園三部曲」。該書講述一群老年公寓住客，集體煥發第二春而追求性慾、情愛的小說。

所謂「復樂」，是指原來快樂過，之後失去，最終失而復得的快樂，故事主要描述50多歲、經營老年公寓的來棲與20多歲的小女朋友麻子之間由熱轉冷、由濃轉淡，最終分開的愛情，穿插老年公寓住客各種各樣關於追尋性愛情趣的事情。

長期以來，人們大多認為老年人由於生理和心理的原因，對性事已不太關注，但誰說老年人對性愛情趣都淡漠了呢，老年公寓裡的住客就不是這樣。根據渡邊淳一的分析，老年人由於年齡增長，事業、家庭等各方面已無需再費心思，興趣和注意力反而可能復返，對性愛情慾重新燃起好奇心。

體殘，性不殘

恆言，食色性也，不只身心健康的老年人有性需求，即使是行動遲緩，甚至是中風體殘的老年男性也是如此，以下就從另類手天使的性服務談起！

有個朋友的父親中風了，半癱在南部的老家養病，朋友住在台北，雇了一位外籍看護照顧父親，並教導她簡單的技巧替父親做肢體復健。半年後女看護打電話給我這位朋友，說她懷孕了！朋友連夜開車趕回南部，經向父親查證，得知看護每天和父親朝夕相處，很快就互相熟悉了，不覺之間父親的陰莖勃起，據傳，老人突然抓住看護的手往胯下送，初時女看護有些尷尬，後來在父親的要求下開始替他手淫，次數日漸增加，終至成了習慣；某日，可能年輕女人禁不住長期寂寞，春心蕩漾，禁不住父親的懇求騎到他的身上，倆人做起愛來了，雙方皆食髓知味後成為常態。

查證清楚後，朋友帶外籍看護到台北幫她拿掉小孩，並在她的同意下幫她裝了避孕器，再送回南部父親身邊，加她的薪水，請她繼續「照護」父親，朋友圈大推，肯定他的孝心！

另一個實例的主角是個繼承父業的企業家，老爸因為小中風退休在家休養，神智清醒但動作稍嫌遲緩，老爸年輕時風流倜儻，在商場上叱咤風雲，風光一時，病後儘管給他最好的照顧，總覺得他悶悶不樂；某個假日午後，他突然頓悟，把父親扶上車，親自駕車到北投某個溫泉飯店，打電話請朋友召來一位身材姣好的妙齡女郎和老爸共浴，回去之後老爸神清氣爽，滿面春風，此事父子兩人心照不宣，沒讓老媽知道，父子兩人的關係比從前更加親近了。

以上是兩個兒子照顧老父親

性需求的真實故事，值得大家深思。

渡邊淳一在小說《復樂園》中描述日本老人院替住民找按摩女郎到院中服務，讓身體不方便的老人也可以享受性生活的快樂，否則如果讓老人獨自上妓院，很可能被坑騙錢財，也容易染病，但這些貼心的考量仍不免遭到院內保守派的攻擊，這些人考量的是管理的方便性，卻忽略享受性愉悅是不能被剝奪的人權，不能因為是行動不便的老人或體殘者就被拒於門外！

滿足性慾的方法有多種多樣，一群為體殘者免費提供性服務的手天使，就是在這樣維護天賦人權的理念下誕生了！

手天使

一個以實踐性權為理念的團體，社團發起者由於看到了重度身障者的性慾望被現實及傳統價值給束縛，遂組成了性義工團體，為身障者提供免費的性服務；在歐美及日本也有類似為重度身障者提供免費性服務的公益社團。

據悉，手天使不只替殘障人士按摩，必要時也會替病人手淫(俗稱「打手槍」)，對象為意識仍然清醒且主動表達需求的病人。這是一項針對男性殘疾人士的人性化服務，服務者的愛心值得肯定，社會應該正面對待，而不應該用情色的眼光來看待他們。

誰說停經後的女人沒有性慾？

這幾年，來診所要求做陰道整型手術及陰道緊縮雷射的中年女性越來越多，其中不乏年過六旬，且大多數是單身或單親的女性，詢問之後發現她們至今都保持著固定的性生活，對象不乏比她們年輕10歲以上的男人，而她們做手術的目的是為了追求更完美的性生活！

這個趨勢很令人欣慰，更值得一提的是，許多女性都表示手術的目的是讓自己在性愛當下陰道更緊實、感受更好，她們這麼做不是為了討好男人，單純是為了討好自己！

女性體內的男性荷爾蒙主要有三種來源，分別是卵巢、腎上腺素及週邊組織，大部分研究顯示，女性體內的睪固酮在停經後的下降速度是非常緩慢的，卵巢此時還是保有分泌睪固酮及雄稀二酮的能力，通常在70歲以後睪固酮的分泌才會顯著降低；但男人身上的睪固酮從40歲開始每年下降1%，逐年下降的趨勢明顯而快速。

可見女人停經後性慾並不會急劇消失，事實上，女人更年期後性活動的頻率之所以減少，社會觀感及心理因素的影響遠遠超過生理因素，聰明的女性，不要再被保守的思維綁架，關於性慾，且讓身體自己去感受。

性愛讓熟女變年輕

渡邊淳一曾說，愛一個人並與他/她發生性行為，肯定會給身體帶來刺激，特別是女性，她的皮膚會因為荷爾蒙的滋潤而更豐潤細嫩，且因為心情保持愉悅，外在總能展現出自信和性感的魅力，可以說，如果把化妝看作由外而內的美容，那麼愛情或性愛便是由內而外的化妝品了！

有了性愛的滋潤讓武則天精神煥發，為唐朝盛世打下堅實基礎

「一代女皇」武則天在安養天年之時，色慾之心愈發旺盛。為什麼會這樣呢？因為武則天養了一批能伺候她身心的「男寵」，包括張易之、張昌宗兄弟，及柳良賓、侯祥、僧人惠范等人，這些人都是以「陽道壯偉」（即陽具異常巨大）深得武氏寵愛。

武則天向來把滿足性需要當作養生保健的重要手段，後人分析她

能高壽，除了接受佛家和道家的養生學說，注意飲食起居和思想調節，並重視導引術等保健活動外，最重要的是與她晚年歡暢的性生活有關。

權力是最好的春藥，且地位愈高、權力愈大，這種來自身心的蠢動就愈強烈。西元683年，唐高宗病逝，武則天掌權，身心大為放鬆，久經蟄伏的生理慾望在權力的刺激下再次啟動，於是，男寵成為武則天寡居之後的必需品。

現代醫學也證明，維持性生活有長保青春的奇效，這在武則天身上早已得到印證。有了性愛的滋潤，武則天精神煥發，盡力施展治國才華，為唐朝的開元盛世打下了堅實的基礎。

長知識

男寵

又叫面首，就是給貴婦人當玩伴的美男子。

女性愈老性生活品質愈好

根據調查，老女人比老男人更能享受性生活，且女人愈老性生活品質愈好。女人年輕時有月經、生育、家事、工作等種種對性生活的干擾，中年過後的女人沒有這些負擔，反而更能享受性生活，且擁有美好性生活的女性對婚姻的滿意度和幸福感都比較高。

性生活帶來的親密關係對男女雙方都有正面積極的作用，老化帶來的沮喪也會因為伴侶的接納和認可得到緩解，老人性生活與年輕時的性生活同樣是健康的，老年醫學專家華特・麥可・波茲（Walter Michael Bortz II）醫師說：「如果你保持健康，有一個好的伴侶，一直到死之前，你都可以享受性生活。」

退休後男人與女人的心情迴然不同

一般來說，退休之後的男人社交生活多傾向退縮，很難交到新朋友，社團裡的男性人數往往不到女性的三分之一，喜歡招蜂引蝶的好色男人其實並不多，男人們幾乎都把自己封閉起來不願意與人交往，尤其是曾經有一定身分地位的人更是拘泥於過去的榮耀，僅局限於和舊識、老同學、老部屬交往，即使與人接近也喜歡先探究對方的經歷，來判斷是否適合與自己交往。

男人無論到什麼時候幾乎都忘不了論資排輩的毛病，而女人就比較不在乎這些，只要覺得愉快、合得來，立刻就能成為好朋友，尤其是什麼地方有東西好吃、怎麼打扮好看等話題更是擁有共同語言，只要一涉及這些，馬上就會聚在一起說個沒完，越聊越起勁，不在乎過去的地

位，和什麼人都可以聊到一起，以此來散心解悶，這也許是退休後的女人比男人生活得更快樂，也可能是女人比男人更長壽的原因之一吧！

持續做愛不會老

義大利漁村阿恰羅利（Acciaroli）堪稱是「長壽村」，全村700人有81名百歲人瑞，羅馬大學和美國加州大學聖地牙哥分校醫學院都對這個鄉村進行過研究，發現他們能活得長壽的重要因素之一就是做愛。

性生活能調節內分泌

從生理角度來說，和諧的性生活可以讓我們的身體分泌一種叫多肽的化合物，當夫妻雙方全身心地投入到性愛中，體內糖皮質激素的分泌就會增加，從而刺激人體分泌更多的多肽。多肽除了能達到蛋白質對人體所具有的營養作用外，還有很好的身體調節作用，這種作用幾乎涉及人體的所有生理活動，如內分泌、神經系統，以及生長、生殖等的運作，它像是一個人體內分泌的協調員，可以讓內分泌達到最佳狀態，且多肽增加還可大大提高人體的免疫力。

但老年人可以有性生活嗎？當然可以，在國外60～70歲的老年人中有近70%的人還能過正常的性生活，而包括接吻、擁抱、愛撫等，這些都算廣義的性生活。

上了年紀，性機能隨之下降或喪失，但性功能依然是存在的。對老年人而言，體內的性激素肯定會越來越低，如果很早就沒有了性生活，只會加速性器官萎縮，內分泌失調。從醫生的角度建議，60歲以上的夫妻最好每個月有1～2次性生活，如果你感覺力不從心，可根據實際情況調整次數，但千萬不可早早就放棄性生活。

擁有健康和諧的性生活，事實上對人們的身心大有好處，尤其是女性。做愛能促進包括多巴胺、血清素、催產素和腦內啡等「快樂荷爾蒙」的分泌，讓人產生紓壓、療癒的效果。

根據英國佩斯利大學的研究發現，每週做愛1次，有助釋放足量的催產素，它有助降低血壓、緩解壓力和緊張情緒；此外，做愛時腦內會釋放大量的多巴胺及血清素，多巴胺是一種傳遞快樂、興奮的神經傳導物質，血清素則會讓人心情開朗、撫平不安情緒；另外，根據《性醫學期刊》（Journal of Sexual Medicine）的資料顯示，性愛高潮會觸發腦內啡的分泌，這類化學物質有助緩解疼痛，鎮痛效果甚至比嗎啡強上好幾倍，有「腦內春藥」之稱。

性愛還有利減重。一個熱吻可燃燒12卡、10分鐘的愛撫可燃燒50卡熱量，一場熱烈又興奮的性愛堪比一場瘦身之旅。

《持續做愛不會老——婦產科名醫解碼
男女更年期的荷爾蒙危機及解救之道》
潘俊亨◎著，金塊文化◎出版

陰道鬆弛要儘早設法，莫待老公跑了再整型！

如果是天天做愛或每週至少做愛一次，男人對陰道緊實度的變化通常不會明顯察覺，如果是相隔半個月、一個月，甚至更久才性交一次，當女人的陰道緊實度出現變化，男人陰莖插入時就會發現舒適度有所不同！

另一種情況是當男人有機會與老婆以外更年輕的女人性交，譬如嫖妓、一夜情，或是外遇，他也會「頓悟」其間的差異，從此慾望會毫無理性的驅使他有機會多使用「外來貨」，自然會減少使用「本地貨」的次數。所以，當妳開始花錢在臉部打肉毒、玻尿酸時，不要忘記陰道也該好好保養了。

通常女人以為只有自然生產使陰道過度撐開才會出現鬆弛的情形，剖腹產或是未曾生產過的女性陰道就不會鬆弛，無需做陰道或陰阜整型，這樣的觀念是錯誤的，真正使女人陰道起變化的原因是年齡，這是任誰都無法逃脫的老化過程！

行醫多年，我做過不計其數的陰道及陰部整型手術，歸納來求醫的原因大致如下：

1.發現先生與年輕女人外遇，開始不與自己行房，經過道德召喚卻無效。

2.單身或單親而交往比自己年紀小的男伴，積極想給對方更滿意的性愛享受，用來抓住對方的心。

3.經過老公的善意指點，從善如流的聰明女人。

有智慧的女人不管幾歲都要保持陰部的青春狀態，重視性生活品質，才能和性伴侶同享性愛高潮，當妳發現陰毛像頭髮一樣開始變白，務必立即用染髮劑染黑，不然會讓男人發現妳已顯露老態，只有黑得發亮的陰毛色澤，才會讓妳洋溢青春性感的氣息。

時下流行的陰部整型方式

熟女做陰道整型居多

過去女性來診所做陰道緊縮術，多數是因為老公外遇，為挽回男人而做；這樣的情況最近已有所改變，愈來愈多熟女是為自己的性愛享受而做這項手術，不全是為了討好男人。

許多女人表示，她們之所以做陰道緊縮手術是因為做愛時陰道能緊密包握住溫溫熱熱的肉棒，讓做愛成為一種至高無上的享受。

女性在生產過後如果出現陰道鬆弛的現象，可透過陰道緊縮手術來改善。施行這項手術需要全身麻醉，30分鐘內可完成，傷口7天內可自然癒合。

整型後的陰道在性生活時能感覺更緊實、接觸面更多，男性在性交時會更有快感，女性則更容易碰觸到G點（陰道壁的高潮點）而達到高潮，另外因為陰道變得更窄、開口變得更小，也能減少白帶產生的機會，可說一舉數得。

年輕美眉多做陰唇整型

小陰唇是陰蒂之外女人最具性敏感的部位，這兩片如蝶翼般的小物件是男人口交時的最愛。

小陰唇可說決定了女人陰部的外貌，但是根據統計，有兩到三成女性對自己的陰唇結構不滿意，有些是因為尺寸太大，有些則是太過肥厚，陰唇太大在走路或騎車時會因摩擦造成不適，做愛時也會因擋住陰道口而造成性交障礙，解尿時尿液則容易隨著陰唇四處噴濺，或因為過度肥大把陰道口悶住，阻礙分泌物排出，而增加異味產生及感染的機會。

很多女性為先天性私密處不對稱，但這種不對稱或肥厚的情況只要不影響私密處健康，且自己或性伴侶也可以接受，就不一定要做陰唇縮小或美形手術，之所以需要做陰唇整型，多是因為大陰唇不對稱、過大、萎縮、顏色過深等問題，大陰唇過大除了容易因走路、運動等過度摩擦造成破皮不適，在穿著泳衣、小短褲等緊身衣物時也會出現不正常的線條，影響自身心情與人際交往。

大陰唇過大除了先天的原因，體重過重也會使脂肪堆積在大陰唇，這些情形都可以透過抽脂手術將多餘的脂肪抽出，使陰唇尺寸變小。

熟女不可不知的性愛寶物——潤滑液

女人年過40，性交時僅靠自身陰道分泌的淫水是不夠的，説女人「30如狼40似虎」，指的是性心智方面的成熟度，生理上要和25歲的高峰期相比仍是略遜一籌，所以千萬不能忽略潤滑液的功能，使用時可以參考以下建議：

1.口服女性荷爾蒙改善陰道彈性。

2.使用雌激素凝膠，定時塗抹在皮膚或陰道壁，經皮膚吸收，可以使陰道壁恢復彈性及增加分泌功能。

3.性交時用潤滑液塗抹在陰道口或性伴侶的龜頭上。

4.潤滑液不能只抹在陰道口，而是要塗滿整個陰道，且性交過程每超過5分鐘就要再補充一次。

5.加強做愛的前戲，如擁抱、舔吻等，藉由此過程蓄積女人對性交的慾望，而自然分泌更多愛液。

男人60過後欲振乏力的救星！

關於「欲振乏力」這件事，可説困擾了千古以來無數的英雄好漢，但自從「藍色小藥丸」核准上市以來，無疑解了全球「無力」男人的燃眉之急！以下說說這些藥物的妙處。

1.威而鋼（Viagra）

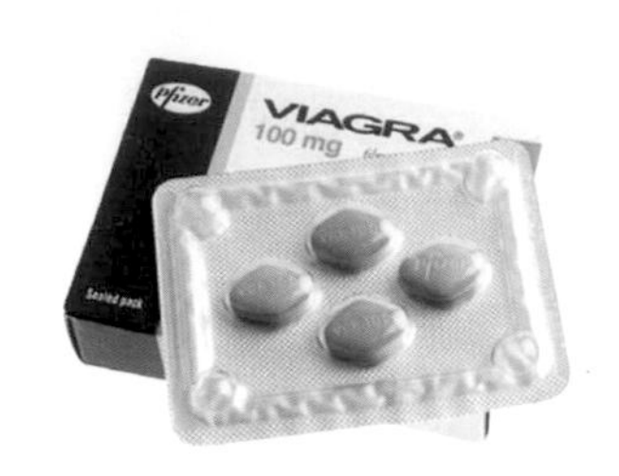

它是上世紀末（1998年美國正式核准上市）全球醫藥界對增進男人性能力最重大的發明！男性大都希望擁有超強的性能力，在每次性交過程皆能堅挺持久，威而鋼的出現讓許多男人達成了他們失落已久的心願，讓他們重拾自信與活力！

男人勃起能力的高原期在18～30歲，40歲以後逐漸衰退，50歲以後很快走下坡。威而鋼的藥理作用是在性刺激下增加陰莖的血流量，恢復患者失去的自然勃起反應。需要注意的是，服用威而鋼之後並不會自然勃起，而是必須在性刺激之下才能產生藥效！

也要提醒人妻們，如果妳發覺男人的性能力逐漸力不從心，在他需要時買顆威而鋼給他，並在日後鼓勵他必要時繼續使用。

2.必利勁（Priligy）

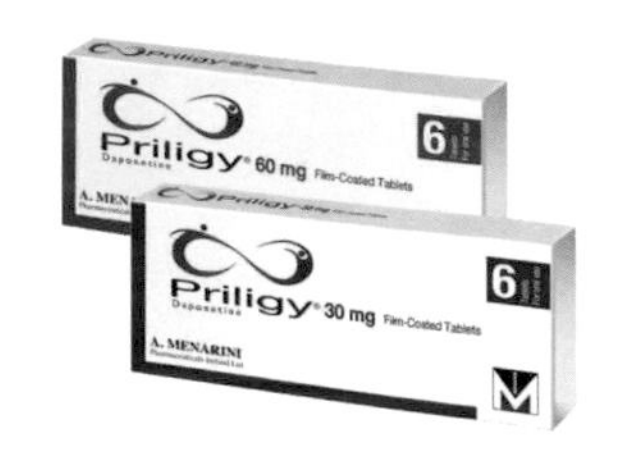

必利勁是繼威而鋼之後又一男性性功能早衰的救星，它可幫助延後男性射精的時間。人體射精主要是藉由交感神經的作用，射精機轉的路徑源自腦幹脊髓反射中樞，而這些作用主要起始於腦中的一些細胞核，必利勁的作用在抑制並延遲反射，達到延後射精的效果，積極作用時間可持續12小時，效果為使用前的2～3倍，但這種藥物只在服用時才有效，沒有根治的效果，可能的副作用包括頭痛、頭暈、腹瀉、噁心、暈厥等。

如有早洩的困擾，建議在做愛前服用必利勁。**必利勁和威而鋼同時服用可獲得勃起堅挺及持久的雙重效果！**但如果有心臟問題，例如心臟衰竭或心律不整，或有中度至重度肝臟問題，及未滿18歲或超過65歲，建議不要使用。

3.犀利士（Cialis）

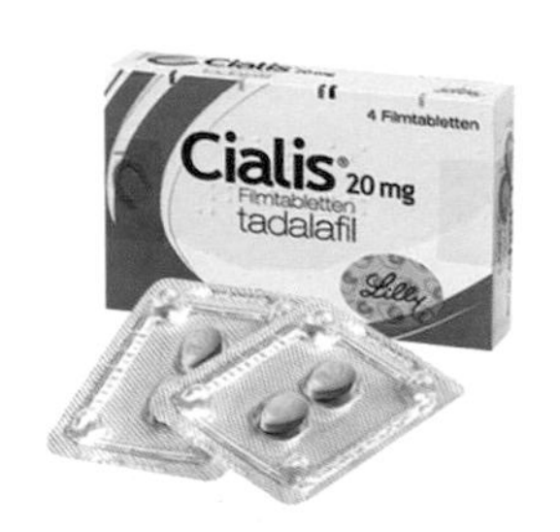

其藥理作用是使陰莖海綿體平滑肌放鬆，便於陰莖快速充血而達到滿意的堅硬勃起。臨床試驗證實，犀利士讓八成以上的陽痿患者恢復勃起功能，使用者在服藥後短至16分鐘、長至36小時內，對達到和維持性交的勃起能力有顯著改善。

在預期性行為至少30分鐘前服用，一天最多使用一次，適用對象為18～30歲勃起功能障礙患者，常見的副作用有頭痛、臉部潮紅及消化不良，有些人會有背痛、肌肉疼痛和異常勃起的情形，不適合年長患者使用。

4.樂威壯（Levitra）

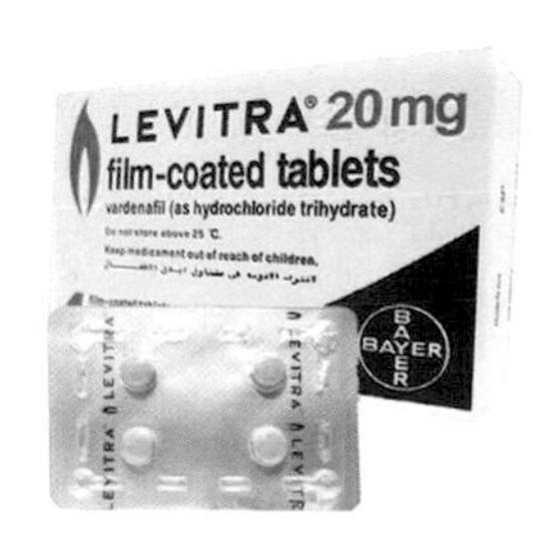

外觀為橙色的小藥丸，綽號「火焰」，它是非常強效的PDE-5抑製劑，主要是通過抑制人體陰莖海綿體內降解cGMP的磷酸二酯酶5型（PDE5），增加性刺激作用下海綿體局部內源性的一氧化氮釋放，幫助患者恢復勃起功能，且勃起硬度高，副作用較其他藥物低，常見副作用如面部潮紅、頭暈、頭痛、鼻塞、視覺異常等，有心腦血管疾病，如風

濕性心臟病、高血壓等患者禁用。

樂威壯除了治療普通勃起功能障礙，還可有效治療如合併糖尿病、合併抑鬱症、前列腺根治術後的難治性勃起功能障礙，且樂威壯對這些患者有較好的安全性和耐受性，藥效可長達12小時。

治療勃起功能障礙藥物比較

藥物	與飲食關聯	效果
威而鋼	易受飲食影響	持續4小時
樂威壯	不易受飲食影響	持續8小時
犀利士	不易受飲食影響	持續36小時

完美男人三部曲

1.勃起：威而鋼（Viagra）、犀利士（Cialis）、樂威壯（Levitra）

2.堅硬：睪固酮（Testosterone）

3.持久：必利勁（Priligy）

睪固酮（Testersteron）＋
威而鋼（Viagra）或犀利士（Cialis）＋
必利勁（priligy）
＝完美男人的生理組合產品

熟年女性性交困難的部分原因出在男人

女人在更年期過後常常很久沒有性生活，一旦和丈夫行房，隔天就會因陰道發炎前來婦產科看診，有這種情形過去常怪女人陰道分泌物減少，潤滑不足，性交時摩擦破皮所致，**最近發現原因並非全然如此，有時其實是中年男人陰莖勃起時不夠堅硬，性交時吃力地要把軟軟的陰莖塞進陰道，因此增加了好幾倍的摩擦力，才是造成女性在性交時陰道破皮的主要原因！**

更年期過後夫妻有責任一起改善做愛的條件，不能單方面只靠妻子。中年性愛要和諧，妻子要補充女性荷爾蒙及微量的男性荷爾蒙，丈夫要補充男性荷爾蒙加上威而鋼，男人不能只顧自己的享受，畢竟讓老婆快樂也是一種情趣，如此才能互相成就對方的快樂！

女人性慾的超級荷爾蒙——DHEA

即去氫皮質酮（或稱脫氫表雄酮），有「增強女人性慾的超級荷爾蒙」之稱，作用包括強化肌肉、穩定產生性荷爾蒙、維持礦物質平衡、擴張血管、預防老化等，和雌雄激素一樣有回復青春的功能，因此有「抗老仙丹」、「荷爾蒙之母」、「超級荷爾蒙」、「青春激素」等別名，它不但能提升更年期停經女性心理及生理對性的渴望，同時也能提高陰道壁伸縮脈衝及陰道的血流量，改善女人性冷感、增強女人性慾，且可長期服用；此外，它對防止骨骼老化和動脈硬化、腰痛、膝痛等也有一定的效果。

有肝臟疾病、乳癌、卵巢癌，及18歲以下或正在哺乳的女性不建議使用。

更年期後的女性私密處保健

如何防範做愛後陰道發炎？

由於男女下體在表皮皺褶處藏匿了很多汗水、黴菌及排泄後的遺留，如果不先洗澡就趕著上床，細菌容易跟著被送進體內，造成女性陰部發炎感染。

另外，女性在更年期後因為缺乏雌激素，與年輕時相較，陰道壁變得既薄又缺乏彈性，分泌潤滑液的功能也大幅降低，導致陰道乾澀且表皮脆弱，性交後常因摩擦而破皮，除了會腫痛、發炎，也容易造成感染。

要避免做愛後陰道發炎，妳應該這樣做：

1.事前洗澡，事後喝開水，事前事後都上一次廁所。

2.姿勢要正確，注意不要把肛門及週邊的細菌帶入陰道。

3.男人陰莖要堅挺，女人陰道要潤濕。妳可以在陰道口塗抹大量的潤滑液，同時在男性陰莖塗抹大量的潤滑液，且要不止一次塗抹，過程中感覺乾澀隨時補充。這個方法可補救現代人缺乏耐性，前戲不足，氣氛做不出來，讓女性無法很快升溫的問題。

什麼是白帶？

女性陰道的分泌物統稱「白帶」，它是由女性生殖器官各部位分泌出來的黏液及滲出物混合而成，使陰道能維持濕潤狀態。

女生內褲上有時會出現白色分泌物，有時變多、有時變黏稠、有時如同豆腐渣，有時可能發出異味，不明就裡的人因此擔心這是不是私密處感染或陰道不健康的訊號？其實白帶是女性生殖器官的正常分泌物，只要沒出現異常的顏色、異味或搔癢感，就不必特別擔心。但如果分泌物呈現黃綠色，或即使已經很注重私密處衛生，下體仍飄散出異味時，就可能與陰道感染有關。

女性陰道有一套原生的菌叢生態，透過不同菌種維持陰道的酸鹼平衡，使成熟健康的女性陰道酸鹼值維持在pH4～4.5之間。這些菌種中有65%～80%為乳酸桿菌，它們可分解陰道內的肝醣使之變成乳酸，讓

長知識

為什麼陰道發炎裡面不會癢而外面會癢？

因為陰道裡面的皮膚沒有癢的神經，陰道外面的皮膚才有，所以陰道發炎時裡面不會癢，外面才會癢。

陰道維持弱酸性，這樣可抑制喜愛在偏鹼性環境繁殖的細菌或黴菌，此即是陰道的「自淨」功能，幫助維持陰道健康。

痔瘡不治好，陰道感染就斷不了！

痔瘡不只令患者「坐立難安」，也經常是引發私密處異味及感染的原因。痔瘡常使女性在排便後擦拭不乾淨，讓細菌沾黏在肛門周圍，導致細菌入侵陰道，造成陰道感染、發炎而產生異味。

當肛門口周圍的小靜脈因某些因素出現不正常擴張或變大時，就會造成肛門內外的黏膜被破壞及血管充血而形成病態組織，也就是大家熟知的「痔瘡」。

痔瘡好發年齡為20～60歲，絕大多數與日常生活習慣有關，如久坐、久站，或是愛吃辛辣、刺激性食物，另外，不良的排便習慣也是形成痔瘡的重要原因，如經常性便祕或腹瀉、用力排便等。

女性生理期因為骨盆腔血流增加，加上荷爾蒙變化，容易引發便祕、腹瀉，懷孕、生產等因素也會造成腹壓增高，使女性比男性更容易發生痔瘡，若原本已有痔瘡，加上懷孕、生產等因素後症狀會更嚴重。

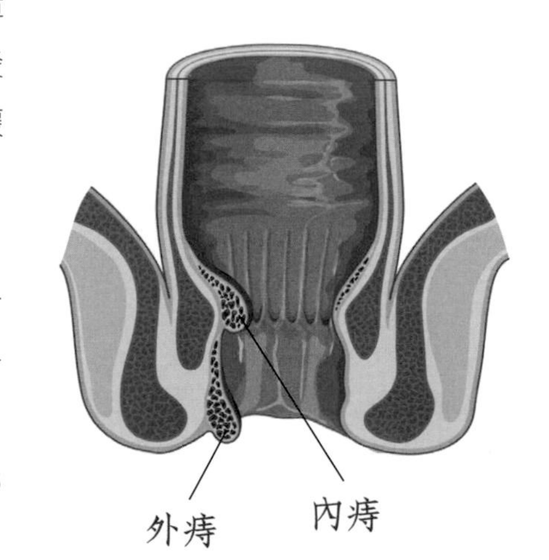

痔瘡會嚴重影響女性陰部美觀，職場女性天天坐辦公室，據統計，十之八九有或輕或重的痔瘡困擾，幸好現在有簡便、無痛的微創痔瘡手術，手術只需40～50分鐘，不必住院，3天後回診，7天後可正常性交。

為什麼泌尿道感染老是治不好？

泌尿系統由腎臟、輸尿管、膀胱及尿道組成，泌尿道感染好發於各年齡層，以女性居多（為男性的8倍），超過三成的女性在30～40歲時會出現一次以上的泌尿道感染，這是因為女性尿道較短（約3～4cm），且開口和陰道及肛門接近，細菌容易因不良的衛生習慣或性行為後進入泌尿道而引發感染，更年期女性則是因女性荷爾蒙降低，尿道和陰道黏膜萎縮，使病菌容易滋生而感染膀胱炎。

泌尿系統的感染以急性膀胱尿道炎最常見，症狀包括頻尿、尿急但尿量不多、解尿有灼熱感、下腹痛或下墜感，嚴重者甚至會出現血尿的情形。女性泌尿道感染源絕大部分來自逆行性感染，指細菌由尿道口往上進入泌尿系統，以大腸桿菌最常見。出現急性膀胱炎如果未予理會，細菌可能經由膀胱上行，進而產生急性腎盂腎炎，不可不慎。

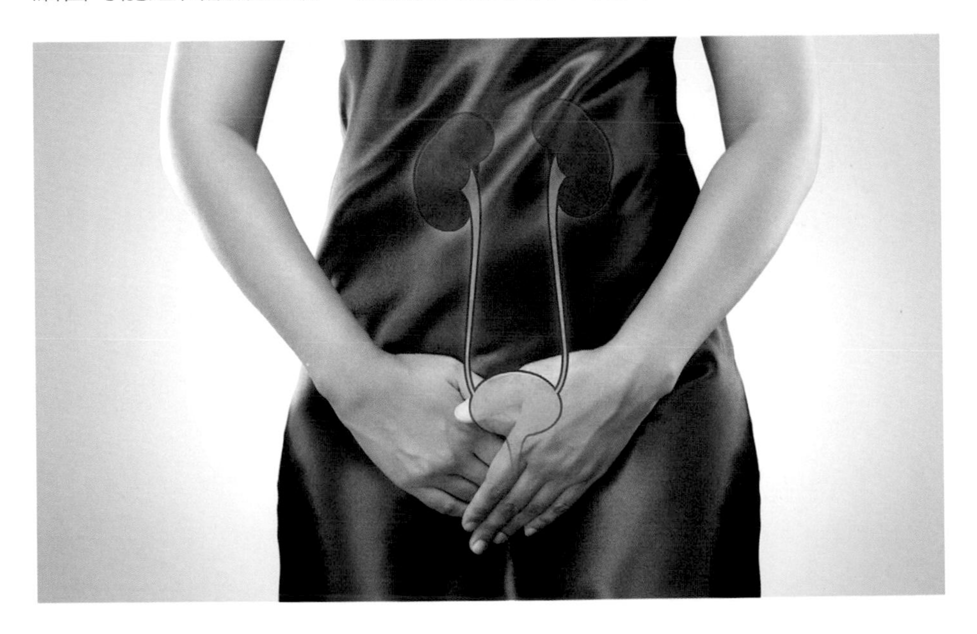

輕微的發炎只需使用4～7天的抗生素，若為復發性感染需較長的療程（約7～14天），需按時按量服藥，有些病人因症狀緩解後自行停藥，這容易產生細菌的抗藥性。治療期間除了藥物之外，病患應多喝水及多吃富含維他命C的水果，也要避免刺激性食物，如酒、咖啡、辣椒等。

預防工作首先是攝取足夠的水份，才能把細菌沖離泌尿系統，每天尿量最好多於1500ml，一旦有尿意應趕快解尿，不要憋尿；其次是如廁後應由前往後擦拭，避免細菌由肛門口被帶往尿道；再者，多攝取酸性及含維他命C的食物，如蔓越梅汁、橘子、柳橙等，使泌尿系統維持不利細菌生長的酸性狀態；最後是性行為後要多喝水，這樣可幫助加速排出體內的細菌，保持陰道健康。

CH10

中年大叔的狂野性愛

男人喜歡舔陰嗎？

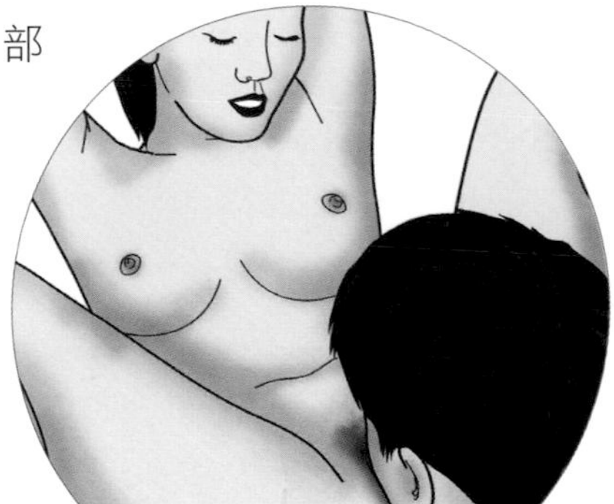

陰蒂是女性生殖器中最敏感的部位，刺激它可使女性進入性興奮狀態，男人幫女人口交是性愛中非常令女生享受的一種方式，很容易讓女生達到高潮。

男人最喜歡的口交姿勢是女人蹲跨或跪跨在他臉上，男人頭靠枕頭，伸出舌頭正好舔著女人的陰部，可以順著從陰道口往上舔到陰蒂，來回反覆或停住打轉，或用舌尖探入陰道，要舔多久都可以，脖子不會酸也不會僵硬，可以舔到女人快樂衝頂直達高潮為止；女人跪著時，可以面朝男人下身的方向，也可以與男人面對面，角度不同各有趣味。

但男人享受舔陰時必須有兩個體貼的小動作：第一是把鬍子刮乾淨，不然短短的鬍根會刺痛女人陰部細嫩的皮膚；其次是女人若採臥姿，在她的臀部下放一塊柔軟的墊子，否則女人的尾椎會疼痛。

長知識

人類是唯一可以面對面做愛，會手淫，會口交的動物。

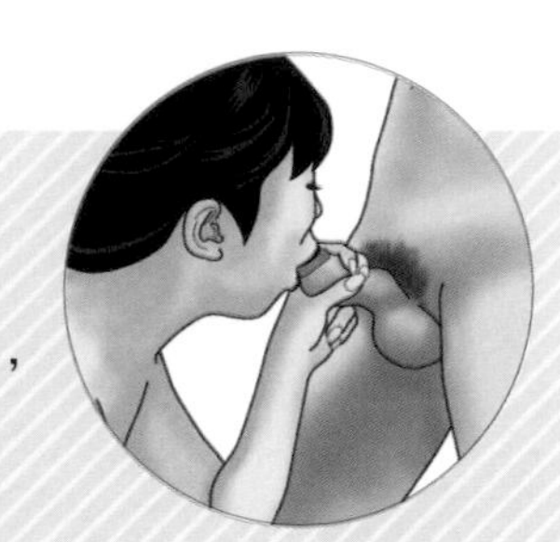

讓前戲幫忙帶動陰蒂高潮

陰蒂是女性最敏感的部位，大部分女性必須先透過陰蒂高潮，才能更深入地感受陰道高潮，但多數的做愛體位極少有機會碰觸到陰蒂，也就是說，陰莖插入陰道的性交過程大多無法達到最大的刺激。

要讓女性高潮，最好的方式就是在前戲時，同時藉由刺激女性乳頭與利用手指或舌頭的幫忙，達到乳頭或陰蒂高潮，女人一旦達到這種境界，對性交會有極強烈的渴望，此時陰莖在陰道內的摩擦會讓女性更容易達到陰道高潮。

女人喜歡吃男人的軟屌嗎？

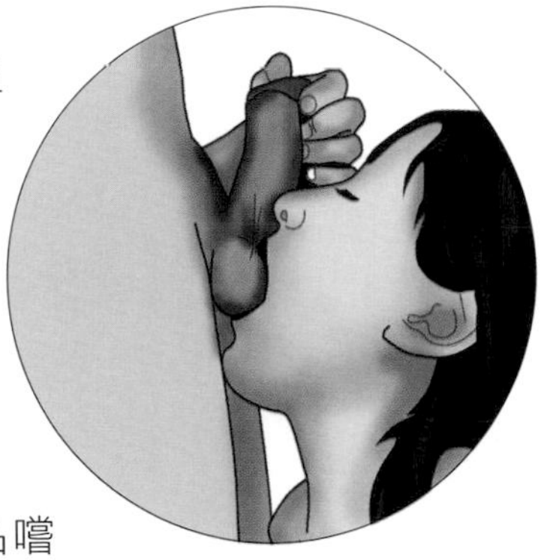

是的，有一則未經證實的報導說女星莎朗史東曾經說過她最喜歡吃軟屌。一項非正式的調查顯示，大多數的女人不排斥吃軟屌，她們表示這時的陰莖可以大部分被含入口中，任舌頭攪弄，那種QQ的口感非常有勁，更可以撩起她們的慾望，即使男人最終還是沒能變硬勃起，品嚐軟屌也是令人心花怒放的享受，不亞於與男人舌吻。

所以男人不必太在意陰莖有沒有勃起，男女之間的情趣互動有各種方式，都樂趣無窮，不必非要勃起才能享受。

幾乎所有男人都喜歡被舌舔陰莖！

絲毫沒有例外，男人皆喜歡女人替他口交，大家應該都知道美國白宮實習生李文斯基在橢圓形辦公室舔食前總統柯林頓陰莖的緋聞，此事可說轟動全球，但你以為只有柯林頓有此癖好嗎？其實好此道者大有人在！

據傳美國前NBA球星飛人喬丹，每在籃球賽中場休息時就有大批女粉絲衝進廁所排隊爭相要替他口交，而他一生有超過2萬個女人曾替他口交，果真如此，真是羨煞所有男人了！

挑逗男人性慾的第一步就是從舌舔男人的陰莖入手。男人為什麼喜歡口交？其實不是因為陰莖在女人口中的感覺比在陰道裡舒服、刺激，男人陰莖放入陰道的感覺是佔有女人的身體，而口交在心理上征服女性的感覺更加強烈。

男人將陰莖放入女人嘴裡，在於放心且肆無忌憚享受這個女人，表示這個女人已經完全屬於他，讓男人有更強烈的征服感和優越感；色情影片中幾乎片片不脫口交鏡頭，這也是讓男人沉迷於色情影片、無法拒絕口交的原因所在。

女人幫男人口交時，男人站著，可以一邊摸著女人的頭髮和肩膀，一邊將陰莖在她嘴裡抽送，男人喜歡女人慢慢舔他的睪丸，也享受女人舔吻他的每一寸肌膚。

男人喜歡他的陰莖在女人嘴裡越來越硬挺，也喜歡龜頭被用力吸吮，或是在高潮時女人緊緊含著他的陰莖，讓他把精液射入女人口中，但精液不是好吃的蛋白質，有些女人不喜歡吞食，男人最好尊重女人的意願。

口交尤其適合50歲過後的夫妻或情侶，好處是男人與女人兩方面都不會有壓力——沒有必須勃起的壓力，也沒有性交需要久撐的時間壓力！

男人做愛最主要並非享受射精，而是射精前勃起的過程！

傳宗接代要依賴射精，這是上帝賦與男人延續人種的任務，所以用快樂做為誘餌。而所有動物皆遵照上帝的旨意，僅在求偶期間為繁殖後代的目的做愛，唯有人類跨越了上帝的界線，可以為享樂而做愛，而且幾乎天天都可以做愛。

既然做愛的目的不單純是為了傳宗接代，所以男人做愛最主要的享受並非射精，而是勃起及之後的抽插過程，這段享樂的時間自然是越長越好，為此，男人自古不斷追尋能延長勃起的藥物，千方百計不要讓自己射精，因為一旦射精即表示快樂結束了，這個事實女人應該要知道！

男人做愛是持久重要？還是堅挺重要？

當然是堅挺比較重要！根據國內外多項調查，絕大多數女性都表示做愛時男人的陰莖堅挺比持久重要，因為陰道是很敏感且有記憶的器官，容易被堅挺的陰莖挑起情慾，並迅速而猛烈地達到高潮！

現在的中年男人因為有威而鋼等藥物的幫助，勃起並非難事，但是要陰莖又硬又挺並不容易，有相關問題可考慮補充男性荷爾蒙，當體內有足夠濃度的男性荷爾蒙，就可以讓陰莖更有力地勃起。

自慰、口交、性交，男人最喜歡哪種高潮？

《海蒂性學報告》指出，「口交很有趣，性交在許多方面都有收穫，然而最強烈的高潮仍然是來自自慰，因為你能完全控制自己，而且在這個時候最能充分幻想。」

其實，不同的性交方式有不同的感受，青菜豆腐各有喜好，單人雙人或多人也各有不同樂趣，不必拘泥何種形式，若要問男人喜歡哪種高潮？男人說，只要高潮都喜歡！而且，滿足激情的方式那麼多，享受性愛千萬別一成不變，變換一下新菜式，有時新鮮感就能為性愛帶來高潮。

用手指代替陰莖是個妙招

男人用中指輕輕的滑進陰道內部，插入到第二指節後向上彎曲，指腹所觸摸到的部位就是G點，G點快感能逐漸擴散到整個陰道，在G點用指腹輕柔按摩，女性會有飄飄欲仙的舒服感。當你這麼做時，任何女人，不分年齡都會很愉悅。

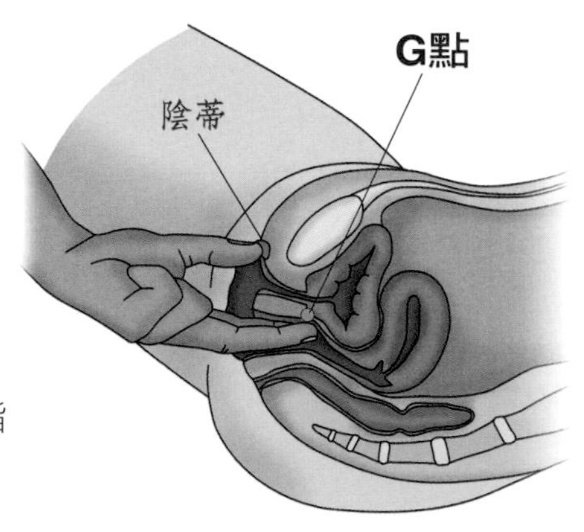

這個方法可以單獨用來取悅妻子或是情人，或是用來當作前戲，也可以當後戲；還有一招是在按摩G點時用另一隻手同時按摩陰蒂，讓女人更容易達到高潮。

當陰莖一時提不起勁，用手指代打，可以有出奇的效果哦！

長知識

口交算不算性交？

我國刑法第十條第五項規定：「一、以性器進入他人之性器、肛門或口腔，或使之接合之行為。二、以性器以外之其他身體部位或器物進入他人之性器、肛門，或使之接合之行為。」謂之性交。

美國前總統柯林頓與白宮實習生的外遇事件引發全球討論，史上最有趣的文件《史塔報告》詳細記載了李文斯基為柯林頓口交的全部過程，也提到柯林頓提議為李文斯基口交，但被女方以月經來潮回絕，頗有整件事是柯林頓較主動的味道。

要知道，「口交、男人用手指伸進女人的陰道或肛門」都算性交！因此，美國前總統柯林頓和李文斯基小姐在書房的口交算是性交，男人對這些行為不可不慎！

看女人高潮就是男人很大的享受！

男人看女人爽的表情、發出呻吟聲和身體歡愉扭動，跟看女人高潮全身抽搐、顫抖，都是很大的享受！

如果你認為男人只有和女人上床性交才叫享受，這樣的看法未免太狹隘了！男人得自女人身體關於性方面的享受是多樣化的，看裸女跳鋼管舞很興奮，觀賞裸女的照片、影片會激發情慾，看A片中女演員和男

人做愛也會興奮，太監不能人道，用手、用口讓宮女興奮也是另類性享受，我從網路資訊得知，在旁觀看妻子與別人做愛而感到興奮的不乏其人！所以，性愛花樣事實上很多，都可以讓男人滿足性慾，換個角度看，就是藉著讓女人興奮，男人這端也會得到性快感，是一種兩性都受益的性享受。

唐朝的楊貴妃專寵安祿山，美艷如花、芳齡29的她竟認45歲的安祿山為義子，楊貴妃樂得為他行「洗兒禮」，一洗洗了三天三夜，唐玄宗李隆基不但不生氣，還笑嘻嘻地賞給他們「洗兒錢」，毫不在乎自己的女人與別的男人交好，儘管國運日漸衰微，但李隆基的日子可樂著呢！如果不當皇帝，他確實是個幸福的男人。

所以中年以後男人何不轉個念，換個角度，藉著激起老婆的慾望讓她興奮、讓她高潮、讓她享受，自己也從中得到快感，不也很有樂趣！

更年期後的性愛宜講求「慢而細膩」

中年過後，男人和伴侶做愛無非是為了享樂和愛情，所以男人在做愛前不妨從容地用手輕柔的愛撫對方的肌膚，用舌頭舔她的頸項、乳頭、腳背，和緩卻貪婪的舔食她的大小陰唇，用舌尖進出陰道入口，逗弄她的陰蒂，任何年齡的女人都會因為這些挑逗為之銷魂而深深愛上你！

性交時也大可不必如猛牛般用盡力氣，死命的衝撞、快速的進出，反而從容地插入、慢慢地抽出，留給對方在心理上的感受和陰道肌膚輕撫的品味空間。可以採取《素女經》建議「九淺一深」的節奏法，如果沒有古人的耐心，可以隨心所欲，三淺一深，或五淺一深，也沒有不可以。

有深有淺的好處是可以很快挑起女人陰道的慾望，在陰道淺處進出，女人渴望插入的慾望會節節攀升，當慾望累積到一定程度，男人的陰莖頓入深處時的快感就會強烈無比。且當男人的陰莖或深或淺插入陰道時會自然而然越來越硬，也會因為分散注意力，讓勃起的時間反而可以持久一點！

因為更年期引發的性慾低落，可能會伴隨早洩、勃起等性功能障礙，有這類問題時，建議男性不要給自己太大的壓力，做愛時可以藉由音樂、燈光來培養浪漫的氣氛；另外，延長擁吻、愛撫等前戲的時間，轉移陣地到汽車旅館等富含浪漫氣氛的場所，都可以增添性愛樂趣，有助減緩更年期性慾低落的問題。

中高齡夫妻做愛的主要目的可轉為愉悅對方，而非滿足自身性慾！

大多數男人年輕時做愛的動機在抒發自身的性慾多過取悅對方，妻

子方面也多半是被動滿足男人的性慾大過主動索求自身慾望的滿足，至少台灣大部分女性在床上還是被動多過主動。

50歲以後，大多數夫妻仍維持著家庭共同生活著，但只有少數仍維持年輕時的做愛頻率，毫無疑問的，從性生活的頻率可以窺見夫婦兩人的感情溫度。如果夫妻感情仍好，可以借由增加做愛頻率、互相愉悅對方使感情加分，如果感情已經淡漠，經由做愛也可以再次點燃情慾之火，拉進彼此關係。

中年以後，男人做愛可以不必強求陰莖一定要勃起堅挺插入來取悅女人，其實男人在床上要用其他方法來取悅女人並不困難，而且反而可以經常讓女人高潮。關鍵在你要用什麼態度來定義做愛，它的出發點是讓自己發洩性慾並且射出？還是讓女人快樂？

男人年輕時經常可以隨時勃起、插入，讓自己及伴侶一起享受快樂，但這畢竟是以滿足自身的性慾為主，甚至不常去考慮對方是不是滿足了，女人通常也不會很在意自己有沒有達到高潮，就這個角度來看，女人真是體貼啊！

中年以後，大部分男人的性能力都沒什麼好誇耀的了，既然這樣，何不轉個念頭，把做愛的動機放在讓女人快樂上面，女人會很開心。且當男人把做愛的專注從女人的陰道轉移到陰蒂，反而更能取得女人的歡心，女人有被體貼的感覺，有被取悅的快感，能更輕易地達到高潮！

男人也不一定要勃起，少了壓力，還可以同時觀看女人逐步達到高潮的臉部表情，聽她們快樂的呻吟及身體自然發生的扭動，對男人更是一種毫無壓力的享受，這時陰莖多能自然勃起，可順勢插入，雙雙進入化境，同時達到高潮！

讓老夫老妻親近的小竅門

有沒有想過，你跟老婆有多久沒牽手了？當夫妻都退休後，想重新拉近彼此的距離，提升情感的溫度，可以從夫妻「手牽手散步」開始，30年來從沒手牽手的兩人，剛開始有手和手的接觸可能比半夜熄燈做愛還尷尬，且心情更加激動，經由手指的感覺可觸動兩人的心靈！

還有，你們有多久沒接吻了？接吻是比牽手更親密的行為，甚至比性交更能顯示彼此的親密關係。夫妻間感情的疏離首先從不再接吻開始，此後做愛便不再接吻，甚至終身不再接吻了。

當夫妻重新習慣牽手後，就可以嘗試重新接吻了，老實說，求吻比求做愛更難開口。男人不妨先自然的從親吻對方的額頭開始，一步一步進行下去，不需多時即可達標，剛開始妻子會彆扭逃拒，但女人是很有智慧的，一但回過神來，領悟了，便會反身過來回報你無法招架的熱情！

中年夫妻助「性」不妨試試按摩棒！

夫妻之間經過多年歲月的風雨沖刷，感情即使仍有點溫度，也談不上什麼熱度了。兩人雖然仍可和睦相處，卻相見乏味，互相視對方如雞肋，可能也早就習慣了無性生活。

既然每天仍需要處在同一個屋簷下，何不藉由多一點的親密互動，給彼此添加多一點的快樂呢？買一支電動按摩棒來使用不失為一個簡單又容易執行的好辦法。

女人的高潮分為陰蒂高潮與陰道高潮兩種，而女人一生當中最先享受到的性樂趣幾乎全來自陰蒂。

早在接觸男人之前，女人通常已經知道觸摸陰蒂可以激發性樂趣，且這種方式常常可以達到高潮，根據權威調查，在30歲以前有90%的女人有手淫的經驗，有57%的自慰途徑來自自我發現，43%會看情色影片和出版品，12%有過親暱愛撫，而金賽博士的調查則有95%的女人在陰蒂手淫中會達到高潮。

幾乎所有女人對手淫皆持肯定的態度，她們認為自慰能帶來快樂，能滿足生理需求，不會有生理損害，有益心理健康，能增強活力，也能提高婚內性高潮的比例。所以更年期過後的男人，如果能重視女性的生理需求，並且善加運用，毫無疑問可以增進夫妻間的感情。女人不一定隨時有心情性交，但很少會拒絕親近的男人對她的陰蒂進行愛撫，或是替她手淫。

然而在實際情況下，女人手淫不像男人手淫可以很快達到高潮，經常要花上10分鐘，甚至更多時間，男人的雙手往往會不堪疲累，所以購置一支電動按摩棒放在床邊隨手可以取用，是聰明且可行的好方法！

按摩棒的好處是：

1.非侵入性，沒有壓力。

2.乾淨、方便，任何姿勢都適合，不必費心喬姿勢。

3.可以隨心所欲持續下去，直到女人高潮。

4.男人的手不會因為疲累而被迫中斷。

根據調查，女人有生之年，即使到99歲高齡，都可以藉由陰蒂按摩享受高潮，男人能夠時常且輕易地在枕邊人的身體上行善，何樂不為呢？

男人對女人使用按摩棒自慰的看法

身為男性，我十分贊成女人使用按摩棒自慰，且數據顯示，越來越多女性利用網路訂購情趣用品，業者甚至表示網購的數量已經超越店面，而網購按摩棒的消費者正是以女性居多。究其原因，主要是女性性自主意識抬頭，其次是同性伴侶增加也是原因之一。

市面上各類情趣用品絕大多數是設計給女人用的，雖然與男人性器交合加上肌膚的相擁貼觸、耳鬢廝磨能將兩人的快感一起推向高潮，但兩性做愛通常只有少數女人有機會達到高潮，而多數女性利用情趣用品幾乎每回都能獲得性快感，且十之八九可隨心所欲達到高潮！

情趣用品的產生從歷史來看原就是為取悅女性而設計，最早是木頭做

的假陰莖，後來有石頭刻成微妙微肖的石陰莖，但這些器具與其說是用來取悅女人，不如說男人也想在那當下得到快感！尤其在古代一夫多妻制度下，一個男人服務多個女人時，人工陰莖等各種用來協助增添女人情趣的用具是必需的，且相當盛行，而當時是以可伸入陰道的陽具為主。

進入一夫一妻時代，男人便很少買情趣用品給女人，儘管常言「男人期望女人平常像淑女，床上變蕩婦」，但實際上在家要求老婆變蕩婦成功者恐怕少之又少，也許是男人的自信心不足，怕老婆淫蕩會紅杏出牆吧！因此男人多把「家事」當成例行公事，而不會認真關切老婆的性慾是不是得到滿足。

當然，凡事不能一概而論，把天下的男人都認為不在乎女人的性需求也不盡合於事實，有許多男人到處訪求有助勃起的祕方，甚至不惜重金購買春藥，想盡辦法如果仍不可得，也會想購買情趣用品來代打助興，看女人興奮對男人也是一種享受哩！尤其當男人看到女人在自己眼前使用按摩棒或人工陰莖，玩得痛快尖叫呻吟時比自己看A片還爽，除可補償自己性能力不足，也可減除對女人的愧疚感。

然而雖說男人借助性玩具來玩女人或是給女人玩的人數越來越多，但是單身不婚或離異的女性人口快速增加，自主性娛樂的需求也越來越多，才是性玩具銷售增加的主因吧！

夫妻何不一起洗個澡？

洗澡對每個人來說都是一件舒服的享受，將身體打濕，抹上肥皂，把留在身上的汗漬、氣味、塵垢一次用水通通洗去，立即感覺通體舒暢！所以洗澡時刻人的心情是很愉快的，尤其是當男人和女人一起洗澡，心情更是加倍愉悅。

女人的皮膚一淋上水就顯得特別白皙，川端康成在《伊豆的舞孃》中提到一個穿木屐的女人在雨中行走，因為怕弄濕而把和服往上拉，露出被雨淋濕的嫩白小腿，為之讚歎不已，特別著墨描寫！我想當下他也是慾心被觸動，想咬她一口吧！

說到夫妻一起洗澡，如果有浴缸可以泡澡更好，當女人沈浸在清澈透明的水中，但見一雙細嫩潔白如象牙的雙腿，和冉冉漂浮在水中顯得特別黝黑的陰毛，粉紅帶褐色的乳頭時而浮出水面，你將重新發現這個女人的美，好像齊柏林透過空拍重新發現台灣之美一樣，你將對這個女人重新燃起慾望。

也可以彼此用肥皂抹在對方的身體，輕輕的上下遊走，雙方都會感覺無比舒服，夫妻感情在愉悅之中必然會悄悄的越來越濃厚。

共浴，既簡單又方便可行，何樂不為！

SM，愉虐戀，是愉還是虐？

SM全稱是BDSM（Bondage Discipline Sadism Masochism），是指透過身體或是精神上的虐待與服從而達到性滿足的行為，它是在雙方同意之下充分協商而進行的行為，也有人將其視為一種情趣遊戲。心理學家指出，每個人多少都有施虐與被虐傾向，只是程度不同，程度比較重的就很可能成為SM的愛好者。

臺灣許多性研究者將SM稱為「愉虐戀」，「愉」就是以對方的愉悅為主要關注，「虐」則是雙方在一定的儀式過程中建立起互動的角色和戲碼。歐美日等國家主要城市更有SM喜好者的俱樂部，在英國，每

年有一個月是「SM Pride Month」，此時大家會在倫敦等大城市舉辦遊行和各項大型活動；美國舊金山更是SM愛好者的天堂。

男人在亢奮時所實施的「暴力」及展現出的「霸道」，實際上是一種帶有痛楚的愛，女人們難道能不喜歡眼前這位因妳而興奮失控的男人！

以生物角度來看，雄性動物之於性交大多為主動角色，雌性動物大多處於被動地位，因此男性成為S（Sadism/施虐者）的機率大於女性，而女性成為M（Masochism/受虐者）的機率大於男性，但卻不是絕對，尤其近年來男M有增加趨勢。

SM不一定會有性交，很多SM愛好者要的是心理上征服與被征服的滿足，還有身體虐待與被虐待的快感，或是為了享受情境遊戲，而不是只為了性滿足。不過幻想和實際畢竟不同，SM需要諸多技巧和對人體

結構的基本認識，好奇而不懂得這些知識的人如果隨意嘗試，很可能造成生命危險或是生理及心理傷害，所以要進行SM一定要事先與伴侶做好溝通，以安全為最優先考量，並且要徵得對方同意，否則可能因此觸犯刑法強制性交罪或是妨害性自主罪。

貞操帶

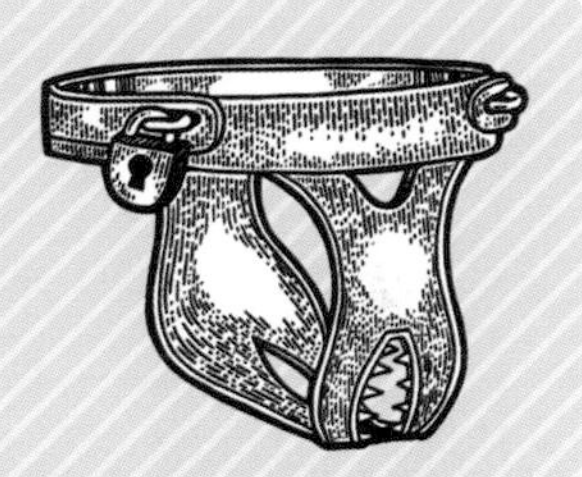

也叫貞潔帶、性枷鎖，起源於11世紀，據傳歐洲十字軍東征時，士兵們大量使用此物，目的是為了保護妻子免遭不測或防止妻子不忠。

而歷史上以器具對女子進行性禁錮，最著名的就是貞操帶，15世紀時，義大利小諸侯國帕多瓦的國王弗朗西斯科．卡拉拉二世，一個聲名狼藉的暴君，發明貞操帶來控制女性，這個暴君不但到處搶掠和強姦婦女，還規定所有妻妾都得穿上自己發明的貞操帶。

這種貞操帶由兩片鐵片組成，頂端縛有鐵帶，可拴在女性的腰間，兩個鐵片上各有一個孔供如廁用，孔的寬度僅能容一個小拇指，且有尖銳的鐵齒，據說這樣能防止她們出牆，如今收藏在威尼斯博物館的一條貞操帶，據說原本屬於卡拉拉二世的王后。這種殘酷的發明一直沿用到18世紀才被禁絕。

國家圖書館出版品預行編目資料

別說不行,試試睪固酮!:婦產科名醫解碼中年過後男人的性危機 / 潘俊亨著. -- 初版. -- 新北市:金魚文化出版:金塊文化事業有限公司發行, 2021.09
226 面 ;17x23 公分. -- (生活經典系列 ; 2)
ISBN 978-986-06332-1-4(平裝)
1.睪固酮 2.雄性激素
398.69　　110013876

生活經典系列02

別說不行，試試睪固酮！
——婦產科名醫解碼中年過後男人的性危機

作者 / 潘俊亨
總編輯 / 余素珠
協力製作 / 曾瀅倫、林佩宜
排版 / JOHN平面設計工作室

出版 / 金魚文化
發行 / 金塊文化事業有限公司
地址 / 新北市新莊區立信三街35巷2號12樓
電話 / 02-22768940　傳真 / 02-22763425
E-mail / nuggetsculture@yahoo.com.tw

匯款銀行 / 上海商業儲蓄銀行新莊分行
匯款帳號 / 25102000028053
戶名 / 金塊文化事業有限公司

總經銷 / 旭昇圖書有限公司
地址 / 新北市中和區中山路二段352號2樓
電話 / 02-22451480
印刷 / 大亞彩色印刷
初版一刷 / 2021年9月
初版二刷 / 2024年2月
定價 / 新台幣380元 / 港幣127元

ISBN：978-986-06332-1-4
如有缺頁或破損，請寄回更換